"互联网+"教材系列
中国地质大学（武汉）实验教学系列教材
中央高校教育教学改革基金（本科教学工程）资助
中国地质大学（武汉）实验教材项目（SJC-202206）资助

地质学基础实习指导教程

DIZHIXUE JICHU SHIXI ZHIDAO JIAOCHENG

杨宝忠　刘　强　徐亚军　主编

中国地质大学出版社
ZHONGGUO DIZHI DAXUE CHUBANSHE

图书在版编目(CIP)数据

地质学基础实习指导教程/杨宝忠,刘强,徐亚军主编.—武汉:中国地质大学出版社,2023.4
　ISBN 978-7-5625-5528-5

Ⅰ.①地…　Ⅱ.①杨…②刘…③徐…　Ⅲ.①地质学-实习-高等学校-教材　Ⅳ.①P5-45

中国国家版本馆CIP数据核字(2023)第053237号

地质学基础实习指导教程		杨宝忠　刘　强　徐亚军　主编
责任编辑:龙昭月	选题策划:周　豪　龙昭月	责任校对:何　煦

出版发行:中国地质大学出版社(武汉市洪山区鲁磨路388号)　　　邮编:430074
电　　话:(027)67883511　　　传　　真:(027)67883580　　　E-mail:cbb@cug.edu.cn
经　　销:全国新华书店　　　　　　　　　　　　　　　　　　　　http://cugp.cug.edu.cn

开本:787毫米×1092毫米　1/16	字数:220千字	印张:7.25
版次:2023年4月第1版		印次:2023年4月第1次印刷
印刷:武汉市籍缘印刷厂		
ISBN 978-7-5625-5528-5		定价:35.00元

如有印装质量问题请与印刷厂联系调换

前言

PREFACE

本书是《地质学基础(第二版)》(杨坤光等,2019)的配套实习教材。"地质学基础"是具有一定地质学知识的自然科学和工程科学各类专业本科生在大学学习期间接触的最重要的地质学课程之一,是帮助学生掌握地质知识、培养地质思维的关键课程。为了巩固、加深学生们对地质学基础理论知识的理解和掌握,让学生们能够理论联系实际,笔者编写了这本《地质学基础实习指导教程》。

本书是在 2010 年版《地质学基础实习指导书》的基础上修改完善而成的。由于本教材是面向全国发行的,原有的"武汉地区野外实习"部分对非武汉市院校教学无直接帮助,因此,本次修编删除了这一部分的内容。本教材主要满足室内实习教学需要,包括常见矿物标本、岩石标本、古生物化石标本的观察与描述,地层的划分与对比,地质图件的阅读与编绘等内容。修编不再限于某一教学大纲,而是根据《地质学基础》(第二版)的修编情况补充完善了实习内容,增加了"矿物的形态""矿物的物理性质"以及"综合读图分析"等内容,对矿物、岩石等标本观察描述部分内容进行了调整,教师可以根据不同教学需求选择使用。

本书适用于地球物理、油藏工程、岩土工程、环境工程、地理科学等专业。本书包括 21 次实习。实习一至实习七为矿物标本的观察与描述,由于自然元素标本和卤化物标本较少,编者将自然元素与硫化物合并,卤化物与氧化物合并;实习八至实习十四为岩石标本的观察与描述,由于超基性岩—基性岩标本和脉岩标本较少,编者将二者合并成一次实习;实习十五为古生物化石观赏;实习十六为地层的划分与对比;实习十七至实习二十一的主要内容是认识地形地质图,阅读常见的地质图件,并绘制地质剖面图等图件。

书后附有多种地质图件和参考资料。"教学参考资料"(背景知识)使用小号字体附在相应章节之后,供学生参考使用。

另外,本次修编充分利用互联网资源,手机扫描书中二维码即可查看常见矿物、岩石和经典地质现象的照片。这极大地增强了本书的通用性和趣味性,扩展了本书的网络纵深,形成了"立体式"教材,满足国家培养与地质科学密切相关的工程类专业人才的需要。

本书撰写分工如下:实习一至实习四由刘强编写,实习五至实习十六由杨宝忠编写,实习十七至实习二十一由徐亚军编写。全书由杨宝忠统稿、审阅。图件和未注明来源的照片均由杨宝忠清绘或拍摄。此外,研究生周业金、夏元、赵黎汶参与了部分图件清绘工作。由于编者水平有限,难免有不足之处,敬请使用者提出宝贵意见。

本书编写过程中得到杨坤光教授和袁晏明教授的指导,同时,中国地质大学(武汉)构造地质和地球动力学系的部分任课老师也提出了宝贵的修改意见,在此表示由衷的感谢!

编 者

2022年10月

目 录
CONTENT

实习一　矿物的形态	(1)
实习二　矿物的物理性质	(4)
实习三　自然元素、硫化物及其类似化合物	(8)
实习四　氧化物、氢氧化物及卤化物	(15)
实习五　含氧盐（一）	(22)
实习六　含氧盐（二）	(28)
实习七　含氧盐（三）	(34)
实习八　外源沉积岩	(40)
实习九　内源沉积岩	(46)
实习十　岩浆岩的结构与构造	(51)
实习十一　超基性岩类、基性岩类及脉岩	(54)
实习十二　中性岩类、酸性岩类	(59)
实习十三　区域变质岩类和混合岩类	(62)
实习十四　动力变质岩类、接触变质岩类及气-液变质岩类	(67)
实习十五　古生物化石	(70)
实习十六　地层的划分与对比	(77)
实习十七　认识地质图，作地形剖面图和地质剖面图	(80)
实习十八　读褶皱地区地质图并作地质剖面	(85)
实习十九　读断层地区地质图并作地质剖面	(89)
实习二十　绘制构造等值线图	(92)
实习二十一　综合读图分析	(96)
主要参考文献	(99)
附　图	(101)

实习一

矿物的形态

参考PPT

一、目的与要求

(1)认识常见的14种单形和两种聚形。
(2)掌握矿物形态的分类与描述方法。

二、实习方法

学会肉眼鉴定矿物及对矿物形态、物理性质进行准确而全面的观察与描述是十分必要的。先观察矿物的形态,再对矿物的颜色、条痕色、光泽、透明度、解理、裂理、断口、硬度、相对密度及磁性等进行观察描述,并了解矿物的鉴定特征及其形态、物理性质之间的异同点,总结出矿物的鉴定特征。

三、内容

(一)矿物单体的形态

1. 单形和聚形

二者均为矿物单体的理想结晶形态。单形由形状相同、大小相等的晶面组成;聚形由两种或两种以上形状不同、大小不等的晶面组成。

14种常见的单形:平行双面、斜方柱、斜方双锥、四方柱、四方双锥、三方柱、菱面体、六方柱、六方双锥、立方体、八面体、菱形十二面体、五角十二面体、四角三八面体(图1)。

两种常见的聚形:四方柱和四方双锥的聚形、立方体和菱形十二面体的聚形,见图2(蓝色部分)。

2. 矿物单体形态的描述

在实际应用中,我们常根据矿物晶体的结晶习性描述矿物单体的形态。

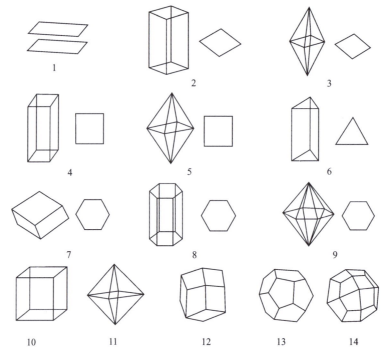

1.平行双面;2.斜方柱;3.斜方双锥;4.四方柱;5.四方双锥;6.三方柱;7.菱面体;8.六方柱;
9.六方双锥;10.立方体;11.八面体;12.菱形十二面体;13.五角十二面体;14.四角三八面体。

图 1 常见的单形

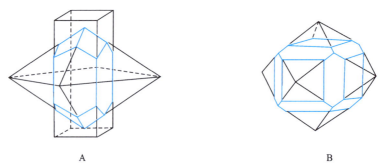

A.四方柱和四方双锥的聚形;B.立方体和菱形十二面体的聚形。

图 2 常见的聚形(两种)

一向延长:柱状(如水晶)、针状(如辉锑矿)、纤维状(如石棉)。

二向延长:板状(如石膏)、片状(如云母)。

三向延长:粒状或等轴状(如石榴子石、橄榄石、磁铁矿等)。

(二)矿物集合体的形态

(1)显晶集合体。肉眼可辨别出矿物单体。根据单体形态及其集合方式分为以下几种。

单体呈一向延长:柱状集合体(如辉锑矿)、纤维状集合体(如石棉)、放射状集合体(如红柱石)。

单体呈二向延长：片状集合体（如云母）、板状集合体（如石膏）、鳞片状集合体（如绿泥石）。

单体呈三向延长：粒状集合体（如橄榄石）。

晶簇状：生长于岩石空隙壁上的丛生集合体，如石英晶簇、方解石晶簇、黑钨矿晶簇等。

(2) 隐晶质和非晶质集合体。肉眼辨认不出矿物单体。主要类型有鲕状集合体（如赤铁矿）、豆状集合体（如铝土矿）、肾状集合体（如赤铁矿）、粉末状集合体（如软锰矿）、皮壳状集合体（如孔雀石）、钟乳状集合体（如钟乳石）、晶腺（如玛瑙）、致密块状集合体（如岫岩玉）。

(3) 规则集合体——双晶。卡氏双晶（如正长石）、聚片双晶（如斜长石）、燕尾双晶（如石膏）。

四、注意事项

(1) 在观察单形时，应注意各单形的晶面形状、晶面数目和横截面形状，了解单形名称的由来。

(2) 在观察矿物单体形态时，应注意单体在三维空间的发育情况，根据其结晶习性描述其形状。

(3) 矿物集合体的观察。先区分是显晶集合体还是隐晶质或非晶质集合体。若为显晶集合体，则在认清单体形状的基础上，根据单体形状及其排列方式加以命名；若为隐晶质或非晶质集合体，则按其外部形态及断面所反映出的特征命名。

(4) 就晶质矿物而言，同一矿物单体，其晶面或解理面的反光程度是一致的、连续的，可见明显的边界。这是圈定矿物单体轮廓、辨认矿物颗粒的重要标识。

五、作业

(1) 列表描述14种单形的名称、晶面形状、晶面数目和横截面形状，格式如表1所示。

表 1 单形描述表

序号	单形名称	晶面形状	晶面数目/个	横截面形状
1	立方体	正方形	6	正方形
2				
3				

(2) 描述所观察矿物标本的形态，包括矿物名称、形态（显晶集合体要描述单体的形态）。

例　红柱石：放射状集合体，单体为四方柱。

岫岩玉：块状集合体。

实习二

矿物的物理性质

参考PPT

一、目的与要求

(1)观察描述矿物的光学性质(颜色、条痕色、光泽、透明度)、力学性质(解理、断口、裂理、硬度)和其他物理性质(磁性、相对密度等)。

(2)掌握矿物光学性质之间的对应关系。

(3)学会正确鉴别解理的等级和组数,以及利用指甲和小刀判断矿物硬度的方法。

二、实习用品

放大镜,小刀,铅笔,瓷板。

三、内容

(一)光学性质

1. 颜色

根据呈色原因,矿物颜色分为以下3种。

自色:红色(如辰砂)、橙色(如雄黄)、黄色(如雌黄)、蓝色(如蓝铜矿)、绿色(如孔雀石)、紫色(如萤石)、褐色(如褐铁矿)、黑色(如磁铁矿)、白色(如方解石)、铅灰色(如方铅矿)、铜黄色(如黄铜矿)、浅铜黄色(如黄铁矿)。

他色:紫色(如紫水晶)。

假色:锈色(如黄铁矿晶面上的褐色斑)、晕色(如云母、石膏等)。

2. 条痕色

条痕色是矿物在未上釉的白瓷板上擦划留下的粉末颜色。条痕色与自色相同或不同:

相同者如磁铁矿(条痕色、自色均为黑色)、方解石(条痕色、自色均为白色),不同者如黄铁矿(条痕色为黑绿色,自色为浅铜黄色)、赤铁矿(条痕色为樱桃红色,自色为暗红色)。

3. 光泽

矿物光泽按强弱程度可分为4类:金属光泽(如方铅矿)、半金属光泽(如赤铁矿)、金刚光泽(如闪锌矿)、玻璃光泽(如方解石)。

某些特殊光泽:油脂光泽(如石英断口)、珍珠光泽(如白云母解理面)、丝绢光泽(如纤维状石膏)、土状光泽(如高岭石)。

4. 透明度

矿物透明度可分为3级:透明(如水晶、冰洲石等)、半透明(如辰砂、闪锌矿等)、不透明(如方铅矿、赤铁矿等)。

(二)力学性质

1. 解理与断口

击打矿物标本(如方解石),了解解理出现(沿一定方向层裂开)和解理面(平坦光滑)的特点。

观察矿物标本,认识并对比解理等级的划分:极完全解理(如云母)、完全解理(如方解石)、中等解理(如红柱石)、不完全解理(如磷灰石)、极不完全解理(无解理、断口发育,如石英)。

观察解理的组数和夹角。云母,1组极完全解理;角闪石,2组完全解理,平行柱面,夹角56°或124°;方铅矿,3组完全解理,夹角均为90°。

断口常见的形态类型有贝壳状(如石英)、参差状(如磷灰石)、土状(如高岭石)等。

2. 硬度

莫氏硬度计以10种矿物为标准,分10级(由软到硬):滑石、石膏、方解石、萤石、磷灰石、正长石、石英、黄玉、刚玉、金刚石。

可以用指甲(2.5)、小刀(5.5)对矿物硬度进行简易的划分,可分出小(<2.5)、中等(2.5~5.5)、大(>5.5)3级。

(三)其他物理性质

1. 磁性

根据磁性的强弱,矿物通常分为强磁性矿物(如磁铁矿)、弱磁性矿物(如赤铁矿)、无磁性矿物(如石英、方解石等)。

2. 相对密度

相对密度分3级:轻级(<2.5),如石膏、云母;中级(2.5~4),如石英、长石;重级(>4),如方铅矿、赤铁矿。

3. 其他性质

发光性：如白钨矿在紫外灯照射下发浅蓝色荧光。

嗅感：如铝土矿呵气后具土腥味。

滑感：滑石、石墨均具滑感。

吸水性：如高岭石吸水性强，可粘舌。

四、注意事项

(1) 矿物颜色的观察应以矿物的新鲜面为准。颜色描述应注意对比不同色调的细微差别；严格按颜色的描述原则（标准色谱法、二名法、类比法）给出最恰当、明确的命名。

(2) 矿物光泽的观察应注意：①在自然光强度下进行。②光泽强度级别的确定与对比应在矿物单体的晶面进行。③隐晶质或非晶质矿物集合体的光泽一般用特殊光泽加以描述。④某些矿物晶面与解理面（或断口）的光泽不同（如石膏晶面为玻璃光泽，解理面为珍珠光泽；石英晶面为玻璃光泽，断口为油脂光泽等）。

(3) 透明度的观察应在矿物颗粒的薄边缘或矿物碎片上进行。

(4) 在观察条痕时应注意：①找出要鉴定矿物的棱角凸出部分，在干净的白瓷板上刻划。②若矿物内凹不能直接划出条痕，可用小刀刮下粉末放在白瓷板上或白纸上进行观察。③有些矿物硬度较大（大于6），不能在瓷板上留下条痕，这类矿物多为透明、半透明矿物，条痕无色或白色，可以不进行条痕观察。④有些矿物的条痕经磨擦后会发生颜色上的变化（如辉钼矿条痕为亮灰色，摩擦后变为黄绿色）。

(5) 矿物光学性质之间存在着密切的关系（表2），描述时可相互借鉴。一般来说，无色或白色矿物，多透明，具玻璃光泽或金刚光泽；浅色或彩色矿物，多半透明，具金刚光泽或半金属光泽；深色、金属色矿物，多不透明，具金属光泽。非金属矿物的条痕一般浅于或等于自色，金属矿物的条痕色一般深于其自色。

(6) 解理的观察一定要在晶粒较明显的矿物单体上进行，步骤如下：①有无解理；②若有解理，进一步观察其等级、组数及夹角；③若无解理或解理不发育，描述断口形态。

具体应注意下述问题：

A. 区分晶面与解理面。

B. 区分聚形纹、聚片双晶纹和解理纹（表3）。

表 2　矿物光学性质对照表

光学性质	对应关系			
颜色	无色或白色	浅色或彩色	深色	金属色
条痕色	无色或白色	无色或浅色	浅色或彩色	深色或金属色
光泽	玻璃光泽	金刚光泽	半金属光泽	金属光泽
透明度	透明	半透明	不透明	不透明

表 3 聚形纹、聚片双晶纹和解理纹的区别

聚形纹	聚片双晶纹	解理纹
晶体生长过程中留在晶面上的生长纹。微凸起于晶面之上,宽窄不一,沿一定方向平行延伸	聚片双晶矿物(斜长石等)特有。粗细均匀,沿一定结晶方向平行延伸,出现在晶面和解理面上	出现在解理面上,是解理块之间的破裂缝隙,同一组解理的解理纹相互平行
受外力打击后,随晶面破坏而消失	受外力打击后依然存在,但不会沿双晶纹裂开成解理面	受外力打击后,沿解理纹裂成解理面。新形成的解理面上仍有解理纹

C. 解理等级的划分重点在于解理面产生的难易程度、解理面的平滑程度和断口的发育程度3个方面。解理面平坦光滑、断口极少则为极完全解理或完全解理。二者的区别在于前者易裂成薄片,后者多裂成规则的碎块。中等解理矿物的解理面不甚平滑,断口较易出现。不完全解理的矿物发育断口,肉眼不易分辨出解理面。

D. 解理组数的观察应在同一单体的三维空间上进行,有几个方向的解理面即存在几组解理(相互平行的解理面为一组解理),也可以利用不同方向解理纹的数目判断解理面的组数。若存在两组以上的解理,应估计其夹角大小。

E. 隐晶质或非晶质矿物只有断口。显晶矿物断口的观察重点发生在具有中等解理以下的矿物中。在具有极完全或完全解理的矿物中,断口少见。

(7)测定矿物的硬度应在单体的新鲜面上进行。隐晶质或非晶质矿物只能测得其矿物集合体的硬度,所得结果与同种矿物单体的硬度会有所差异。具体操作时应注意:被刻划矿物表面留下凹痕,说明被刻划矿物的硬度小于刻划矿物;若被刻划矿物表面留下刻划矿物的粉末,则反映被刻划矿物的硬度大于刻划矿物;若两种矿物能够相互刻划,则说明两者硬度近似。

五、作业

列表描述所观察矿物的名称及其物理性质,格式如表4所示。

表 4 矿物物理性质描述表

矿物名称	颜色	条痕	光泽	透明度	解理或断口	硬度	相对密度	其他
方铅矿	铅灰色	黑色	金属光泽	不透明	3组完全解理,夹角90°	2~3	重级	性脆

实习三
自然元素、硫化物及其类似化合物

参考PPT

 一、目的与要求

(1)学习对矿物形态与物理性质的系统描述。
(2)观察并描述常见自然元素和硫化物矿物的形态与物理性质。
(3)总结自然元素和硫化物矿物的鉴定特征。
(4)初步了解矿物的用途。

 二、实习方法与实习用品

1. 实习方法

矿物的肉眼鉴定是学生必须具备的基础能力,也是深入研究矿物、应用矿物的第一步。学会肉眼鉴定矿物,以及对矿物的形态、物理性质进行准确而全面地观察与描述是十分必要的。先观察矿物的形态,再对矿物的颜色、条痕色、光泽、透明度、解理、裂理、断口、硬度、相对密度及磁性进行观察与描述,并了解矿物的鉴定特征与其形态、物理性质之间的相同点与差异点,总结出矿物的鉴定特征。

2. 实习用品

放大镜,小刀,铅笔,瓷板。

 三、内容

(1)自然元素矿物。包括自然金属元素(自然金等)和自然非金属元素(石墨、金刚石等)。
(2)硫化物矿物。方铅矿、闪锌矿、辰砂、黄铜矿、辉锑矿、雄黄、雌黄、辉钼矿、黄铁矿、毒砂。

四、注意事项

(1) 注意比较形态或物理性质相近似、易混淆的矿物。
(2) 注意区分下列各组矿物：黄铁矿与黄铜矿(表5)，辉锑矿与方铅矿(表6)，雄黄、雌黄与辰砂(表7)。

表 5　黄铁矿与黄铜矿

区别特征	矿物	
	黄铁矿	黄铜矿
形态	单体常为立方体，晶面具相互垂直晶纹	单体少见，常为致密块状集合体
颜色	浅铜黄色	铜黄色
硬度	6.0~6.5，大于小刀	4~5，小于小刀

表 6　辉锑矿与方铅矿

区别特征	矿物	
	辉锑矿	方铅矿
单体形态	柱状	立方体
解理	1组柱面完全解理	3组完全解理
其他	加KOH生成橘黄色沉淀	相对密度大，性脆

表 7　雄黄、雌黄和辰砂

区别特征	矿物		
	雄黄	雌黄	辰砂
颜色	橘红色	柠檬黄色	鲜红色，具铅灰色锖色
解理	1组完全解理	1组完全解理	3组完全解理
相对密度	中等	中等	大

五、作业

(1) 记录观察结果：按矿物名称(化学式)、形态、物理性质(颜色、条痕色、光泽、透明度、解理与断口、硬度、相对密度、其他性质)、鉴定特征的顺序逐项记述。
(2) 用简单快捷的方法区分以下两组浅色矿物：黄铜矿与黄铁矿，辉锑矿与辉钼矿。

自然金(glod)　Au

等轴晶系,良好晶体极少见。自然金通常呈树枝状、粒状或鳞片状,较少呈不规则的大块状,俗称"狗头金"。颜色、条痕均为金黄色至浅黄色,随含银量增加而变淡,金属光泽,不透明;无解理,莫氏硬度2.5~3;相对密度15.6~19.3;热和电的良导体;不氧化,不溶于酸,可溶于王水;有强的延展性,1g的自然金可拉伸成约2km长的细丝。

原生矿床中的自然金俗称山金,主要产于含金石英脉或蚀变岩脉中,故又称脉金;产于砂矿中的自然金俗称砂金。金为贵金属,可用于制造货币、装饰品及精密仪器零件等。

鉴定特征:金黄色,强金属光泽;硬度低,无解理,延展性强;热和电的良导体,熔点高,密度大。

石墨(graphite)　C

六方或三方晶系,与金刚石同质异象。在石墨的晶体结构中,碳原子按六方环状成层排列。石墨晶体呈六方片状,集合体常呈鳞片状、土状、块状。铁黑色或钢灰色,条痕为黑色,半金属光泽,不透明;1组极完全底面解理,莫氏硬度1~2;相对密度2.21~2.26;易污手,手摸具滑感;电的良导体,耐高温,不溶于酸。

石墨常见于变质岩中,是有机碳变质形成的。煤层经热变质作用也可形成石墨,有些火成岩中也可能出现少量石墨。石墨可用于制造电极、润滑剂、铅笔芯、原子反应堆中的中子减速剂,以及用来合成金刚石。

鉴定特征:晶体呈六方片状,集合体常为鳞片状或块状;黑色,半金属光泽;硬度小,极完全解理;相对密度小,有滑感,易污手,良好的导电性。与辉钼矿相似,但辉钼矿具更强的金属光泽,相对密度大,在涂釉的瓷板上的条痕呈黄绿色。

金刚石(diamond)　C

等轴晶系,与石墨和六方晶系的金刚石成同质多象。金刚石晶体结构中,每个碳原子均被其他4个碳原子围绕,形成四面体。金刚石典型的晶形是八面体、菱形十二面体及它们的聚形(图3)。金刚石无色透明,若含杂质则呈现黄、蓝、绿、黑等不同颜色,强金刚光泽;中等八面体解理,性脆;莫氏硬度10(已知物质中硬度最高),相对密度3.47~3.53;在X射线的照射下会发出蓝绿色荧光,这一特性被应用于从矿砂中选矿;具半导体性能。当金刚石被加热到1000℃时,可缓慢变为石墨。

图3　金刚石的几种晶形

原生金刚石主要产于金伯利岩或钾镁煌斑岩的岩筒或岩脉中,砂金刚石产于冲积的砂矿中。金刚石可作宝石、钻头、研磨切削工具,也可作高温半导体、高导热原料。

鉴定特征:最大的硬度和典型的金刚光泽。

世界最著名的金刚石产地有南非的金伯利地区、澳大利亚西部、俄罗斯的雅库特、美国的阿拉斯加和巴西的西纳斯吉拉斯等地。中国的辽宁、山东、湖南和贵州出产金刚石。世界最大的宝石级金刚石于1905年被发现于南非的普列米尔,重3106ct,取名为"库里南"。中国最大的金刚石是1977年在山东省临沭县常林村发现的,重 158.786ct,取名为"常林钻石"。

方铅矿(galena)　PbS

等轴晶系。晶体外形常呈立方体,有时为立方体和八面体的聚形(图 4),集合体常呈粒状和块状。铅灰色,条痕灰黑色,金属光泽;莫氏硬度 2.5;相对密度 7.4～7.6(重要的鉴定特征之一)。方铅矿还有一个重要特征是发育 3 组相互垂直的完全解理,故很容易裂成立方体小块。

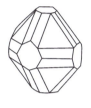

图 4　方铅矿的晶形

方铅矿是自然界分布最广的含铅矿物,经常在热液矿脉及接触交代矿床中产出,伴生矿物有闪锌矿、黄铜矿、黄铁矿、石英、重晶石等。它是炼铅最重要的矿物原料,含银的方铅矿是炼银的重要原料。

鉴定特征:根据解理、相对密度及形态,它可以准确地与其他铅灰色矿物(辉钼矿、辉锑矿等)相区别。

世界著名的方铅矿产地有美国密西西比河谷、澳大利亚布罗肯希尔、加拿大苏里,以及东欧的保加利亚、捷克和斯洛伐克等。中国的著名产地有云南金顶、广东凡口和青海锡铁山等。

闪锌矿(sphalerite)　ZnS

等轴晶系。晶体结构中经常含有铁、镉、铟、镓等有价值的元素。闪锌矿近乎无色,随含铁量的增加,颜色从浅黄色、黄褐色变到铁黑色,透明度也由透明到半透明,甚至不透明。闪锌矿的条痕色较矿物颜色浅,呈浅黄色或浅褐色。无色晶体新鲜解理面呈金刚光泽,浅色闪锌矿稍有松脂光泽,深色闪锌矿呈半金属光泽。闪锌矿完好晶形呈四面体或菱形十二面体(图 5),但少见,常呈粒状集合体。完全的菱形十二面体解理(实际观察中很少能看到 6 个方向解理)。莫氏硬度 3.5～4.0。相对密度 3.9～4.2。

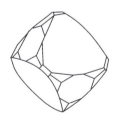

图 5　闪锌矿的晶形及晶面花纹

闪锌矿常形成于热液矿床中,几乎总与方铅矿共生,是提炼锌的主要矿物原料,其成分中所含的镉、铟、镓等稀有元素也可以综合利用。

鉴定特征:颜色变化大,可根据晶形、多组解理、硬度小鉴别。

世界著名的闪锌矿产地有澳大利亚布罗肯希尔、美国密西西比河谷等。中国著名产地有云南金顶、广东凡口和青海锡铁山。

辰砂(cinnabar)　HgS

三方晶系。晶体主要是菱面体和厚板形,少数为短柱形,贯穿双晶常见。常见的是粒状、块状以及被膜状集合体。矿物和条痕都呈朱红色,金刚光泽;3组完全解理,莫氏硬度2.0~2.5;相对密度8。

辰砂是典型的低温热液矿物,几乎是提炼汞的唯一矿物原料;单晶体可以做激光调制晶体,是当前激光技术的关键材料;另外,辰砂还是中药材之一。

鉴定特征:根据颜色、条痕及相对密度,与雄黄相区别。

世界著名的辰砂产地有西班牙的阿尔马登,斯洛文尼亚的伊德里亚,俄罗斯的尼基托夫卡,美国的新阿尔马登,中国的新疆阿尔泰、湖南晃县和贵州铜仁等。中国湖南辰州(今沅陵)盛产此矿物,故称辰砂,古时又称丹砂或朱砂。

黄铜矿(chalcopyrite)　$CuFeS_2$

四方晶系。单个晶体少见,集合体常为不规则的粒状或致密块状。黄铜色,表面常有斑驳的蓝色、紫色、褐色的锈色膜,条痕绿黑色,金属光泽;断口参差状或贝壳状,无解理,性脆,莫氏硬度3~4;相对密度4.1~4.3。

黄铜矿主要形成于岩浆作用、接触交代作用、热液作用的矿床中或沉积层状铜矿中,是提炼铜的主要矿物之一,是仅次于黄铁矿的最常见的硫化物。在地表风化作用下,黄铜矿常变为绿色的孔雀石和蓝色的蓝铜矿。

鉴定特征:根据颜色和硬度区别于无晶形的黄铁矿;以绿黑色条痕、性脆及溶于硝酸与自然金相区别。

世界著名的黄铜矿产地有西班牙的里奥廷托、美国的亚利桑那州和田纳西州等。中国的黄铜矿分布较广,著名产地有甘肃白银厂、山西中条山以及湖北、安徽和西藏等地。

辉锑矿(stibnite)　Sb_2S_3

斜方晶系。晶体常见,形态特征鲜明,单晶具有锥面的长柱状或针状,柱面具明显的纵纹,一般呈柱状、针状、放射状或块状集合体。铅灰色,条痕黑灰色,强金属光泽,不透明;沿柱面发育1组完全板面解理,性脆,莫氏硬度2~2.5;相对密度4.52~4.62;蜡烛加热可以熔化。

辉锑矿是提炼锑的最重要的矿物原料。辉锑矿常与黄铁矿、雌黄、雄黄、辰砂、方解石、石英等共生于低温热液矿床中,是分布最广的锑矿石。

鉴定特征:针状、柱状单晶,柱面有明显纵纹,集合体为放射状;钢灰色,金属光泽,解理完全,解理面有横纹,硬度小;密度较大。

中国是著名的产锑国家,储量居世界第一,尤以湖南新化锡矿山的锑矿储量大,质量高。

雄黄(realgar)　$As_4S_4(AsS)$

单斜晶系。单晶通常细小,呈短柱状,少见,一般以粒状或块状集合体产出。长期暴露于日光下会变为粉末状。常呈橘红色,条痕呈淡橘红色(与辰砂相似,但辰砂的条痕颜色鲜红),油脂光泽;板状解理良好,莫氏硬度1.5~2;相对密度3.48。

雄黄与雌黄、辰砂和辉锑矿紧密共生于低温热液矿床中。雄黄与雌黄是提取砷及制造砷化物的主要矿物原料。雄黄是中国传统中药,具杀菌、解毒功效。

鉴定特征:根据颜色、条痕色、解理及相对密度可与辰砂相区别。此外,条痕色及加KOH分解出黑色或褐黑色砷也可区别之。

世界著名的雄黄产地有马其顿的阿尔查尔、格鲁吉亚的鲁库米斯（晶体最大可达5cm）、德国萨克森和美国犹他州等。中国的湖南慈利和云南南华也有产出。

雌黄（orpiment） As_2S_3

单斜晶系。单晶体呈板状或短柱状，集合体呈片状、肾状、土状等。柠檬黄色，条痕鲜黄色，油脂光泽至金刚光泽；板状极完全解理，莫氏硬度1.5～2.0；相对密度3.49。与自然硫相似，但自然硫不具完全解理。

雌黄经常与雄黄共生，主要形成于低温热液矿床中，也可形成于热泉沉积物、火山凝华物及煤层中，是提取砷及制造砷化物的主要矿物原料。

鉴定特征：根据颜色、条痕色、1组极完全解理、相对密度大，雌黄可与自然硫相区别。

中国的云南和湖南为著名的雌黄产地。

辉钼矿（molybdenite） MoS_2

晶体有不同类型，分属六方晶系和三方晶系。晶体为六方板状、层状，通常呈叶片状、鳞片状集合体。铅灰色（表面像铅），条痕为亮铅灰色，强金属光泽；1组极完全底面解理，薄片具挠性，莫氏硬度1.0～1.5；相对密度5。在薄片下不透明，有白色到灰白色的强烈多色性和非均质性。

辉钼矿产于中、高温热液矿床和矽卡岩矿床中，氧化带易出现黄色粉末状的钼华。

鉴定特征：以颜色、光泽、相对密度以及涂釉瓷板上的条痕色与石墨相区别，以形态、解理与方铅矿、辉锑矿等相区别。

世界著名的辉钼矿产地有美国科罗拉多州的克莱马克斯、尤拉德-亨德森等。中国的河南、陕西、山西、辽宁等地也有辉钼矿产出。

黄铁矿（pyrite） FeS_2

等轴晶系。成分中通常含钴、镍和硒，具有NaCl型晶体结构。常有完好的晶形，呈立方体、八面体、五角十二面体及其聚形。立方体晶面上有与晶棱平行的条纹，各晶面上的条纹相互垂直（图6）。集合体呈致密块状、粒状或结核状。浅黄（铜黄）色，条痕绿黑色，强金属光泽，不透明；无解理，参差状断口，莫氏硬度6.0～6.5；相对密度4.9～5.2。在地表条件下易风化为褐铁矿。

黄铁矿是分布最广泛的硫化物矿物，在各类岩石中都可出现。黄铁矿是提取硫和制造硫酸的主要原料。

鉴定特征：根据完好的晶形和晶面条纹、颜色、较大的硬度，黄铁矿可与相似的黄铜矿相区别。

世界著名的黄铁矿产地有西班牙、捷克、斯洛伐克和美国。中国黄铁矿的储量居世界前列，著名产地有广东英德和云浮、安徽马鞍山、甘肃白银厂等。

图6 黄铁矿的晶面花纹、晶形

毒砂（arsenopyrite） FeAsS

单斜晶系。单晶体常呈柱状，集合体往往为粒状或致密块状。锡白色，条痕灰黑色，金属光泽；莫氏硬度

5.5～6.0；相对密度 6.2；锤击它有蒜臭味。

毒砂常产于高温热液矿床、伟晶岩及交代矿床中，在钨锡矿脉中与黑钨矿、锡石共生。毒砂是分布最广的一种砷的硫化物，常含类质同象混入物钴，所以毒砂除可以作为提取砷及制造砷化物的原料外，还可以用来提取钴。

鉴定特征：根据白色、较完好的晶形、较大的硬度以及锤击后有蒜臭味的特征，毒砂可与方铅矿、黄铁矿等相区别。

世界著名的毒砂产地有德国、英国、加拿大等。中国的毒砂多分布于湖南、江西、云南等地。

实习四

氧化物、氢氧化物及卤化物

参考PPT

一、目的与要求

(1) 观察描述常见氧化物、氢氧化物矿物及卤化物矿物的形态和物理性质。
(2) 掌握主要氧化物、氢氧化物矿物及卤化物矿物的鉴定特征,并能进行详细、准确地描述。
(3) 了解主要氧化物及氢氧化物矿物形成的地质环境和条件,了解这些矿物的主要用途。

二、实习用品

放大镜,小刀,铅笔,瓷板,磁铁,紫外灯,双氧水,稀盐酸及氢氧化钾试液。

三、内容

1. 氧化物、氢氧化物矿物

刚玉,赤铁矿,锡石,软锰矿,石英,铬铁矿,磁铁矿,铝土矿,褐铁矿,硬锰矿。

2. 卤化物矿物

萤石,石盐(介绍)。

四、注意事项

(1) 观察记录各矿物的形态、物理性质,总结各矿物的鉴定特征。
(2) 注意比较形态或物理性质相近似、易混淆的矿物,区分下列矿物(表8—表10)。

表 8　磁铁矿、赤铁矿和褐铁矿

区别特征	矿物		
	磁铁矿	赤铁矿	褐铁矿
集合体形态	粒状、致密块状集合体	鲕状、肾状集合体、鳞片状集合体（镜铁矿）	土状、疏松多孔状或致密块状集合体
条痕	黑色	樱桃红色	黄褐色
磁性	强磁性	无磁性—弱磁性	弱磁性

表 9　闪锌矿与黑钨矿

区别特征	矿物	
	闪锌矿	黑钨矿
单体形态	四面体或粒状	板状
解理	6 组完全解理	1 组与板面垂直的完全解理
相对密度	中等	大

表 10　石墨、辉钼矿和软锰矿

区别特征	矿物		
	石墨	辉钼矿	软锰矿
条痕	亮黑色,磨擦后色不变	亮灰色,磨擦后变为黄绿色	蓝黑色
其他		具滑感,薄片具挠性	粗糙感,与 H_2O_2 反应强烈起泡

五、作业

（1）记录对上述矿物的观察内容。

（2）用简单快捷的方法区分下列各组矿物：辉钼矿与软锰矿；磁铁矿、黑钨矿与褐铁矿。

教学参考资料

1. 氧化物、氢氧化物矿物

刚玉（corundum）　Al_2O_3

三方晶系。可含微量的 Fe、Ti 或 Cr 等元素。一般为蓝灰色、黄灰色、红色和绿色,含少量的铬呈红色,含少量的铁和钛呈蓝色。红宝石和蓝宝石是透明的红色和除红色以外其他色宝石级刚玉的别称。单晶多呈桶状双锥形或双锥与底板面的聚形,较少为厚板状,晶面上常有斜纹或横纹;集合体呈粒状或致密块状。玻璃光泽;无解理,裂理发育,莫氏硬度9;相对密度3.98。

刚玉常产于超基性岩内的伟晶岩中以及高铝低硅的变质岩中,并常见于冲积砂矿中。刚玉可作为研磨材料及制造精密仪器的轴承,颜色鲜艳透明者可作贵重宝石。

鉴定特征:以晶形、硬度、颜色和裂理为特征。不溶于酸,吹管焰下不变化。

世界著名的刚玉产地有俄罗斯的乌拉尔山脉、南非的德兰士瓦、加拿大的安大略、土耳其的士麦那、希腊的纳克索斯。宝石级的砂矿刚玉主要产于缅甸、斯里兰卡、泰国、坦桑尼亚和美国蒙大拿州。

赤铁矿(hematite) Fe_2O_3

三方晶系或等轴晶系。单晶体常呈菱面体和板状,集合体形态多样,有片状、鳞片状(显晶质)、粒状、鲕状、肾状、土状、致密块状等。显晶质呈铁黑色至钢灰色,隐晶质呈暗红色,条痕樱红色,金属光泽至半金属光泽;无解理,莫氏硬度5.5~6.5;相对密度5.0~5.3。

赤铁矿是自然界分布极广的铁矿物,是重要的炼铁原料,也可用作红色颜料。多数重要的赤铁矿矿床是变质成因的,也有一些是热液形成的,或是大型水盆地中风化和胶体沉淀形成的。

鉴定特征:樱红色或红棕色条痕为其鉴定特征。据各种形态和无磁性,可与磁铁矿、钛铁矿相区别。

世界著名的赤铁矿产地有美国的克林顿、乌克兰的克里沃伊罗格等。中国著名产地有辽宁鞍山、甘肃镜铁山、湖北大冶、湖南宁乡和河北宣化。

锡石(cassiterite) SnO_2

四方晶系。常含铁和铌、钽等氧化物的细分散包裹体。单晶体常呈双锥短柱状,也有呈细长柱状或双锥状的,膝状双晶普遍(图7),集合体多呈粒状。纯净锡石近乎无色,一般呈黄棕色至深褐色,金刚光泽,断口油脂光泽,半透明至不透明;莫氏硬度6.0~7.0;相对密度6.8~7.1。

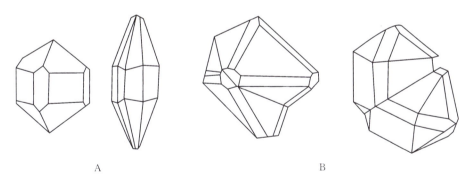

图7 锡石的单晶(A)与膝状双晶(B)

锡石主要产于花岗岩类侵入体内部或近岩体围岩的热液脉中,在伟晶岩中也常有分布,是最常见的锡矿物,也是提炼锡的主要矿物原料。

鉴定特征:可根据晶形、双晶以及光泽区别于石榴子石,以相对密度大区别于金红石和锆石。与很多相似矿物需靠化学反应区别:将锡石颗粒放置锌板上,加1~2滴稀盐酸把锡石淹没,静置2~3min,便可见锡石颗粒表面有一层锡白色的金属锡薄膜。此种化学方法对含锡矿物均适用,对锡石尤其可行。

世界著名的锡石产地是中国云南、广西及南岭一带以及东南亚、玻利维亚、俄罗斯。中国云南个旧锡矿开采悠久,素有"锡都"之称。

软锰矿(pyrolusite) MnO$_2$

四方晶系。通常呈肾状、结核状、块状或粉末状集合体,其中呈树枝状似化石的形态形成于裂隙面的,俗称假化石。通常铁黑色,条痕黑色,半金属光泽;莫氏硬度1~2;相对密度4.5~5.0;摸之污手。

软锰矿是在强烈氧化条件下形成的。除呈矿巢或矿层产于残留黏土中外,软锰矿主要在沼泽中以及湖底、海底和洋底形成沉积矿床,是最普通的锰矿物,也是提炼锰的重要矿石矿物。

鉴定特征:以形态、条痕和硬度可与其他黑色矿物相区别。隐晶质时加H$_2$O$_2$剧烈起泡;溶于盐酸中放出氯气,使溶液呈淡绿色。

世界著名的软锰矿产地有俄罗斯、加蓬、巴西、澳大利亚。它在中国湖南、广西、辽宁和四川等地有产出。

石英(quarts) SiO$_2$

三方晶系,即低温石英(α-石英),是石英族矿物中分布最广的一个矿物种。广义的石英还包括六方晶系的高温石英(β-石英)。低温石英常为带尖顶的六方柱状晶体,柱面有横纹,类似于六方双锥状的尖顶实际上是由两个菱面体单形所形成的(图8)。纯净的石英无色透明,玻璃光泽,贝壳状断口上具油脂光泽;无解理,莫氏硬度7;相对密度2.65,受压或受热能产生电效应。

因粒度、颜色、包裹体等的不同而有许多变种。无色透明称为水晶,紫色水晶俗称紫晶,烟黄色、烟褐色至近黑色的俗称茶晶、烟晶或墨晶,玫瑰红色的俗称芙蓉石;呈肾状、钟乳状的隐晶质石英称石髓;具不同颜色同心条带构造的晶腺叫玛瑙,玛瑙晶腺内部有明显可见的液态包裹体的俗称玛瑙水胆;细粒微晶组成的灰色至黑色隐晶质石英称燧石。

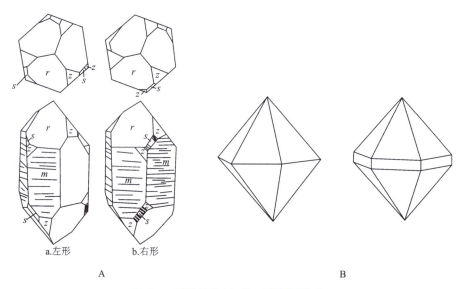

图8 α-石英晶形(A)和β-石英晶形(B)

石英的用途很广,无裂隙、无缺陷的水晶单晶用作压电材料,用来制造石英谐振器和滤波器,一般石英可以作为玻璃原料,紫色、粉色的石英和玛瑙还可作雕刻工艺美术作品的原料。

鉴定特征:常呈柱状晶体,柱面有横纹。常无色透明,颜色变化大,玻璃光泽,断口油脂光泽;无解理,贝壳状断口,硬度大;密度小,具有压电性和焦电性,抗风化性强。

巴西是世界著名的水晶出产国,曾发现直径2.5m、高5m、重达40余吨的水晶晶体。

实习四 氧化物、氢氧化物及卤化物

铬铁矿(chromite) FeCr$_2$O$_4$

等轴晶系。晶体呈细小八面体。一般呈粒状或致密状集合体。成分比较复杂,广泛存在 Cr$_2$O$_3$、Al$_2$O$_3$、Fe$_2$O$_3$、FeO、MgO 五种基本组分的类质同象置换。暗棕色至黑色,条痕棕色、褐色,半金属光泽;无解理,莫氏硬度5.5;相对密度5.09,含铁多时具磁性。

铬铁矿常产于超基性岩中,与橄榄石共生,也见于砂矿中。铬铁矿是我国的短缺矿种,储量少,产量低,每年消费量的80%以上依靠进口。

鉴定特征:以黑色、条痕深棕色、硬度大和产于超基性岩中为鉴定特征;铬铁矿外表看来很像磁铁矿,不同之处是其磁性很弱,条痕色为棕色,与磁铁矿的黑色条痕不同。

世界著名的铬铁矿产地有俄罗斯、古巴、南非共和国、土耳其等。中国著名的铬铁矿产地有四川、甘肃、西藏、青海等地。

磁铁矿(magnetite) Fe^{2+}Fe$_2^{3+}$O$_4$

等轴晶系。因为它具有磁性,在中国古代又被称为慈石、磁石、玄石。完好单晶形呈八面体或菱形十二面体。呈菱形十二面体时,菱形面上常有平行该晶面长对角线方向的条纹(图9)。集合体为致密块状或粒状。颜色为铁黑色,条痕呈黑色,半金属光泽,不透明;无解理;莫氏硬度5.5~6.0;相对密度4.8~5.3。它具强磁性,是磁性最强的矿物,能被永久磁铁吸引,中国古代的指南针"司南"就是利用磁铁矿的这一特性制成的。

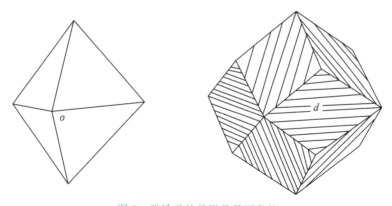

图9 磁铁矿的晶形及晶面条纹

鉴定特征:强磁性、条痕黑色。

磁铁矿分布广,有多种成因。岩浆成因矿床以瑞典基鲁纳为典型;与火山作用有关的、矿浆直接形成的以智利拉克铁矿为典型;接触变质形成的铁矿以中国大冶铁矿为典型;含铁沉积岩层经区域变质作用形成的铁矿,品位低规模大,俄罗斯、北美、巴西、澳大利亚和中国辽宁鞍山等地都有大量产出。磁铁矿是炼铁的主要矿物原料,也是传统的中药材。

铝土矿(bauxite)

铝土矿并不是矿物种的名称,其中包括硬水铝矿[α-AlO(OH)]、一水软铝矿[AlO(OH)]和三水铝矿[Al(OH)$_3$]三种矿物以及其他矿物(高岭石、蛋白石、赤铁矿等)的细分散机械混合物。除含 Al 和 Fe、Mn、Si 等元素外,它还含有 Ga、Nb、Ta、Ti、Ar 等元素。形态多呈豆状、鲕状、土状集合体,有的呈致密块状。颜色变化很大,灰白色、灰褐色、棕红色、黑灰色等,常见为灰色,条痕为白色,土状光泽;具贝壳状断口;呵气之后有强烈的土腥味,用水湿润无可塑性。

铝土矿主要为外生成因,为铝硅酸盐矿物风化分解形成的。铝土矿是生产金属铝的最佳原料,也用作耐火材料、研磨材料、化学制品及高铝水泥的原料。

鉴定特征:以加盐酸不起泡可与石灰岩区别,以硬度、相对密度较大可与页岩及黏土岩区别。欲准确鉴定组成铝土矿的矿物就需进行差热分析、X射线衍射分析等。

褐铁矿(limonite) $Fe_2O_3 \cdot nH_2O$

通常是针铁矿、水针铁矿的统称,因为这些矿物颗粒细小,难以区分,故统称为"褐铁矿"。由于它属于含铁矿物的风化产物($Fe_2O_3 \cdot nH_2O$),成分不纯,水的含量变化也很大。块状、钟乳状、葡萄状、疏松多孔状或粉末状,也常呈结核状或黄铁矿晶形的假象出现。通常呈黄褐色至褐黑色,条痕为黄褐色,半金属光泽;硬度随矿物形态而异;无磁性。

褐铁矿是氧化条件下极为普遍的次生物质,在硫化矿床氧化带中常构成红色的"铁帽",可作为找矿的标志。褐铁矿的含铁量虽低于磁铁矿和赤铁矿,但因它较疏松,易于冶炼,所以也是重要的铁矿石。

鉴定特征:根据形态、颜色、条痕色及在试管中加热产生水,褐铁矿可与赤铁矿、磁铁矿相区别。

世界著名的褐铁矿产地有法国的洛林、德国的巴伐利亚州和瑞典等。

硬锰矿(psilomelane) $mMnO \cdot MnO_2 \cdot nH_2O$

通常而言,从广义上讲,硬锰矿不是一个矿物种,是一种细分散多种矿物的集合体,是一种在成分上含有多种元素的锰的氧化物和氢氧化物。化学式一般以 $mMnO \cdot MnO_2 \cdot nH_2O$ 表示,含锰 35%～60%,常有 $BaO、K_2O、CaO$ 等混入物。晶体少见,形态通常呈葡萄状、肾状、皮壳状、钟乳状、土状或致密块状等。黑色,条痕褐色或黑色,不透明,半金属光泽,土状者呈土状光泽;硬度 4～6;相对密度 4.4～4.7。

硬锰矿为表生矿物,为含锰的碳酸盐或硅酸盐的风化产物,也可形成于海相、湖相沉积层中,以团块状或结核状出现,是提取锰的重要的矿石矿物。

鉴定特征:根据形态、颜色、硬度及加 H_2O_2 剧烈起泡等特征,硬锰矿可与类似的黑色矿物相区别。

硬锰矿在世界范围广泛分布,重要的产地有德国、法国和印度等地。

2. 卤化物矿物

萤石(fluorite) CaF_2

等轴晶系。晶体常呈立方体、八面体或立方体的穿插双晶(图10),集合体呈粒状或块状。浅绿色、浅紫色或无色透明,有时为玫瑰红色,条痕白色,玻璃光泽,透明至不透明;八面体解理完全,莫氏硬度4;相对密度3.18。因在紫外线、阴极射线照射下或加热时发出蓝色或紫色荧光而得名。

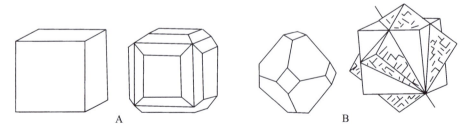

图10 萤石的单体晶形(A)及双晶(B)

实习四 氧化物、氢氧化物及卤化物

萤石主要产于中、低温热液矿脉中。无色透明的萤石晶体产于花岗伟晶岩或萤石脉的晶洞中。萤石在冶金工业上可用作助熔剂,在化工业上是制造氢氟酸的原料。

鉴定特征:根据形态、颜色、解理、硬度及发光性,可与方解石、重晶石、石英等相区别。

世界主要的萤石矿产地有南非、墨西哥、蒙古、俄罗斯、美国、泰国和西班牙等地。中国是世界上萤石矿产最多的国家之一,主要产于浙江、湖南、福建等地。

石盐(halite)　NaCl

等轴晶系。单晶体呈立方体,在立方体晶面上常有阶梯状凹陷,集合体常呈粒状或块状。纯净的石盐无色透明,含杂质时呈浅灰、黄、红、黑等色,玻璃光泽;3组立方体解理完全,莫氏硬度2.5;相对密度2.17,易溶于水,味咸。

石盐是典型的化学沉积成因的矿物,在盐湖或潟湖中与钾石盐和石膏共生。石盐可作为食品调料和防腐剂,是重要的化工原料。

鉴定特征:立方体晶体,易溶于水,味咸。

世界著名的石盐产地有美国的二叠纪盆地和墨西哥湾沿岸地区、中亚费尔干纳盆地、德国的萨克森-安哈尔特州等。中国石盐储量丰富,分布很广,以柴达木盆地最为著名,四川、湖北、江西、江苏等地也都有大规模的石盐矿床分布。

实习五

含氧盐（一）

参考PPT

一、目的与要求

(1) 观察描述常见含硅酸盐矿物的形态和物理性质。
(2) 掌握常见含硅酸盐矿物的鉴定特征。
(3) 了解这些矿物的成因意义及其主要用途。

二、实习用品

放大镜，小刀，铅笔，瓷板，氢氧化钾试液，硝酸试液，钼酸铵试剂。

三、内容

1. 岛状硅酸盐矿物

橄榄石，石榴子石，红柱石，蓝晶石，夕线石，黄玉，十字石，榍石，绿帘石。

2. 环状结构硅酸盐矿物

绿柱石，堇青石，电气石。

四、注意事项

(1) 逐一观察上述矿物标本的形态、物理性质，总结其鉴定特征。
(2) 部分易混淆矿物之间的区分特征如表11所示。

表 11　绿帘石与橄榄石

区分特征	矿物	
	绿帘石	橄榄石
形态	晶面常具纵纹	
光泽	晶面、解理面均为玻璃光泽	晶面玻璃光泽,断口油脂光泽
解理与断口	1组完全解理	中等解理,断口较常见

五、作业

（1）记录对上述矿物的观察内容。
（2）如何区分普通辉石、普通角闪石与电气石？

教学参考资料

1. 岛状硅酸盐矿物

橄榄石（olivine）　$R_2[SiO_4]$

正交（或斜方）晶系的一族岛状结构硅酸盐矿物的总称，因常呈橄榄绿色而得名。化学式中的 R 主要为二价阳离子 Mg^{2+}、Fe^{2+}、Mn^{2+}。其中富镁的镁铁橄榄石最常见，一般称为橄榄石。晶体为短柱状（图11），多呈粒状集合体。随Fe含量增多，可呈浅黄绿色至深绿色，玻璃光泽，透明至半透明；解理中等或不完全，常具贝壳状断口，性脆，莫氏硬度 6～7；相对密度 3.3～4.4。

图 11　橄榄石的晶形

橄榄石是组成上地幔的主要矿物，也是陨石和月岩的主要矿物成分。常见于基性和超基性火成岩中，镁橄榄石还可产于镁矽卡岩中。橄榄石易受热液作用蚀变成蛇纹石。透明色美的橄榄石可作宝石。

鉴定特征：粒状，橄榄绿色，贝壳状断口，难熔。

世界宝石级橄榄石的主要产地包括中国吉林敦化、美国亚利桑那州、缅甸抹谷和巴基斯坦开伯尔-普赫图赫瓦省。中国河北张家口汉诺坝玄武岩包体中也有宝石级的橄榄石产出。

石榴子石（garnet）　$A_3B_2[SiO_4]_3$

等轴晶系一族岛状结构硅酸盐矿物的总称。化学式中的 A 代表二价阳离子，主要有 Mg^{2+}、Fe^{2+}、Mn^{2+}

和 Ca^{2+} 等；B 代表三价阳离子，主要有 Al^{3+}、Fe^{3+}、Cr^{3+}、Ti^{3+} 等。石榴子石按成分特征，通常分为铝系和钙系两个系列。铝系矿物成员有：紫红色、玫瑰红色的镁铝榴石，红褐色、橙红色的铁铝榴石，深红色的锰铝榴石。钙系矿物成员有：黄褐色、黄绿色的钙铝榴石，棕色、黄绿色的钙铁榴石，鲜绿色的钙铬榴石。石榴子石晶形好，常呈菱形十二面体、四角三八面体或两者的聚形体（图12），集合体呈致密块状或粒状。颜色变化大，玻璃光泽至金刚光泽，断口为油脂光泽，半透明；无解理，断口参差状，性脆，莫氏硬度6.5~7.5；相对密度3.32~4.19。

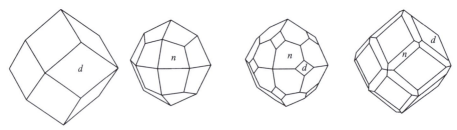

图 12 石榴子石的晶形

石榴子石在自然界分布广泛。镁铝榴石主要产于基性岩和超基性岩中，铁铝榴石常见于片岩和片麻岩中，钙铝榴石和钙铁榴石是矽卡岩的主要矿物，钙铬榴石产于超基性岩中。石榴子石主要作研磨材料，色彩鲜艳透明者可作宝石，俗称紫牙乌。

鉴定特征：晶体呈菱形十二面体、四角三八面体或二者聚形，无解理，硬度较大，密度大。

红柱石（andalusite） $Al_2[SiO_4]O$

正交（或斜方）晶系的岛状结构硅酸盐矿物。通常，晶体呈柱状，横断面接近四方形。集合体呈放射状或粒状。粉红色、红褐色或灰白色，玻璃光泽；柱面解理中等，莫氏硬度6.5~7.5；相对密度3.15~3.16。红柱石在生长过程中俘获部分碳质和黏土矿物，在晶体内部定向排列，在横断面上呈十字形，俗称空晶石。

红柱石常见于泥质岩和侵入岩的接触变质带中，是高级的耐火材料。菊花石（红柱石的柱状集合体，呈粒状、放射状）是美丽的观赏石。

鉴定特征：根据柱状晶形、横切面近正方形、菊花状集合体形态，红柱石可与其相似的矿物相区分。

世界著名的红柱石产地有西班牙的安达卢西亚、奥地利的蒂罗尔州、巴西的米纳斯吉拉斯州等。中国北京西山盛产放射状的红柱石。

蓝晶石（kyanite） $Al_2[SiO_4]O$

三斜晶系。与红柱石、夕线石成同质多象。晶体呈扁平的板条状，有时呈放射状集合体。蓝色、蓝白色、青色；具完全和中等的2组解理，硬度有明显的异向性（平行晶体伸长方向上的莫氏硬度为4.5，垂直方向上的为6，故又名二硬石）；相对密度3.53~3.65。

蓝晶石是区域变质作用产物，在结晶片岩和片麻岩中出现，是高级耐火材料，也可提取铝，色丽透明晶体可作宝石，以深蓝色为佳。

鉴定特征：蓝色、扁平柱状晶形，明显的硬度异向性，产于结晶片岩中。

美国北卡罗来纳州产有深蓝色、绿色的宝石级蓝晶石，瑞士、奥地利也是其知名产地。

黄玉（topaz） $Al_2[SiO_4][F,OH]_2$

正交（或斜方）晶系的岛状结构硅酸盐矿物。晶体通常呈短柱状，柱面有纵纹，多呈粒状或块状集合体。

无色或黄、蓝、红等色,玻璃光泽,透明至不透明;1组与柱面垂直的完全解理,莫氏硬度8;相对密度3.4～3.6。

黄玉是典型的气成热液矿物,产于花岗伟晶岩、酸性火山岩的晶洞、云英岩和高温热液钨锡石英脉中。黄玉可作轴承及研磨材料,质佳者可作贵重宝石。

鉴定特征:根据短柱状晶形、横断面为菱形、柱面有纵纹、解理及硬度,黄玉可与石英相区别。

世界著名的黄玉产地有巴西、俄罗斯乌拉尔和巴基斯坦卡特朗。中国内蒙古和江西等地出产黄玉。

十字石(staurolite) $FeAl_4[SiO_4]_2O_2(OH)_2$

单斜晶系(呈假斜方晶系)。晶体通常粗大,呈短柱状,十字形贯穿双晶常见,故命名十字石,有时也呈粒状产出。一般为棕红色、红褐色、淡黄褐色或黑色,玻璃光泽,不纯净时黯淡无光或呈土状光泽,半透明—不透明;解理中等,参差到贝壳状断口,硬度7～7.5;相对密度3.74～3.83。

十字石是较高温的变质矿物,是富铁、铝质的泥质岩经区域变质作用的产物,见于云母片岩、千枚岩、片麻岩中,是典型中等程度区域变质作用的标型矿物。罕见的透明十字石可作宝石。

鉴定特征:短柱状,横断面为菱形,特别是双晶形状,深褐色、红褐色,硬度大,以此与红柱石相区别。

世界著名的十字石产地有巴西、瑞士、美国等。

榍石(sphene) $CaTi[SiO_4]O$

单斜晶系。晶形多以单晶体出现,呈扁平的楔形(信封状),横断面为菱形,底面特别发育时,呈板状。蜜黄色、褐色、绿色、黑色、玫瑰色等。金刚光泽,透明到半透明。2组柱面解理明显,贝壳状断口,可有由双晶引起的裂理,莫氏硬度5～6;相对密度3.45～3.55。

榍石是酸性和中性岩浆岩中最常见到的副矿物之一,大晶体产于与富含钛、铌的碱性正长石及有关的伟晶岩中。当含有榍石的岩石遭受风化破坏后,由于榍石化学性质稳定性较强而富集在砂矿中,当榍石遭受含碳酸热水作用时,可分解成方解石、石英和金红石。榍石可用于提炼钛,也可以作宝石。

鉴定特征:强光泽,高色散,强双折射和特征稀土光谱等。

主要产地有中国、加拿大、瑞士、马达加斯加、墨西哥和巴西等。

绿帘石(epidote) $Ca_2Fe^{3+}Al_2[SiO_4][Si_2O_7]O(OH)$

单斜晶系。常含Mn、Mg、Na、K等类质同象替换元素。绿帘石与斜黝帘石可形成完全类质同象系列。晶体常呈柱状;灰色、黄色、黄绿色、绿褐色或近于黑色,颜色随铁含量增高而变深,少量Mn的类质同象替代使颜色显不同色调的粉红色,玻璃光泽,透明;1组解理完全,1组解理不完全,硬度6;相对密度3.38～3.49。

绿帘石为典型的热液蚀变矿物,形成于矽卡岩及受热液改造的岩浆岩与沉积岩中。粒大质好者可作为玉石原料。

鉴定特征:柱状、板状或针状晶形,柱面上有纵纹;特征的黄绿色,玻璃光泽,透明;2组解理。

主要产地有美国、墨西哥、瑞士、奥地利、巴基斯坦以及法国等。

2. 环状结构硅酸盐矿物

绿柱石(beryl) $Be_3Al_2[Si_6O_{18}]$

六方晶系的环状结构硅酸盐矿物。晶体常呈六方柱(图13),柱面上有纵纹,集合体有时呈晶簇或针状,有时可形成伟晶(长可达5m,重达18t)。多为浅绿色。当成分中富含铯时呈粉红色,称为玫瑰绿柱石;含铬呈鲜艳的翠绿色,称为祖母绿;含二价铁呈淡蓝色,称为海蓝宝石;含三价铁呈黄色,称为黄绿宝石。玻璃光

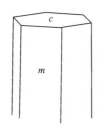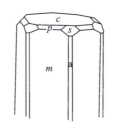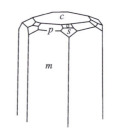

图 13 绿柱石的晶形

泽;解理不完全,莫氏硬度 7.5～8.0;相对密度 2.6～2.9。

绿柱石主要产于花岗伟晶岩中,云英岩及高温热液脉中也有产出。绿柱石是炼铍的主要矿物原料,色泽美丽者是珍贵的宝石,如祖母绿、海蓝宝石。

鉴定特征:六方柱状晶体,柱面常有细纵纹,玻璃光泽,硬度大。

堇青石(cordierite)　$(Mg,Fe^{2+})_2Al_3[AlSi_5O_{18}]$

斜方晶系。晶体短柱状,集合体呈粒状、块状;通常浅蓝色或浅紫色,玻璃光泽,透明至半透明,具有明显的多色性(三色性表现为黄紫色、黄色、蓝色);1 组中等解理,2 组不完全解理,断口呈参差状,莫氏硬度 7.0～7.5;相对密度 2.60,随 Fe 的含量增多而逐渐变大。

堇青石是典型的变质矿物,产于片岩、片麻岩及蚀变火成岩中。它是用于制作陶瓷和玻璃等的材料。颜色美丽透明者可作宝石。

鉴定特征:折射率 1.542～1.551,硬度较大(7),晶体常呈假六方形的短柱状,颜色多呈蓝色或灰蓝色。

世界主要的堇青石产地有巴西、印度、斯里兰卡、缅甸、马达加斯加等,中国台湾的兰屿也有少量发现。

电气石(tourmaline)　$NaR_3Al_6[Si_6O_{18}][BO_3]_3(OH,F)_4$

三方晶系的一族环状结构硅酸盐矿物的总称。化学式中的 R 代表金属阳离子,当 R 为 Mg^{2+}、Fe^{2+} 或 (Li^++Al^{3+}) 时,分别构成镁电气石、黑电气石和锂电气石 3 个端员矿物种。电气石晶体呈近三角形的柱状(图 14),两端晶形不同,柱面具纵纹,常呈柱状、针状、放射状和块状集合体;颜色多变,富铁者为黑色,富锂、锰、铯者为玫瑰色或深蓝色,富镁者呈褐色或黄色,富铬者为深绿色,玻璃光泽,断口松脂光泽,半透明至透明;无解理,莫氏硬度 7.0～7.5;相对密度 2.98～3.20,有压电性。

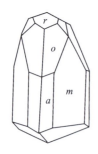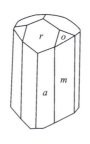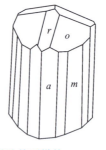

图 14 电气石晶形及晶面纵纹

电气石多与气成作用有关,一般产于花岗岩、花岗伟晶岩和高温石英脉中,也可产于交代作用形成的变质岩中。具压电性的晶体可用于无线电工业,色泽鲜艳者可作宝石,在中国称为碧玺。

鉴定特征：柱状晶形，柱面纵纹，横断面呈球面三角形，无解理，高硬度。

世界著名的电气石产地有巴西的米纳斯吉拉斯州、美国的加利福尼亚州、俄罗斯的乌拉尔。中国的新疆、内蒙古、辽宁、河南等地都有产出。

实习六

含氧盐(二)

参考PPT

一、目的与要求

(1)观察、描述常见含硅酸盐矿物的形态和物理性质。
(2)总结常见硅酸盐矿物的鉴定特征。
(3)了解这些矿物的成因意义及其主要用途。

二、实习用品

放大镜,小刀,铅笔,瓷板,氢氧化钾试液,硝酸试液,钼酸铵试剂。

三、内容

(1)链状结构硅酸盐矿物(普通辉石,普通角闪石)。
(2)层状结构硅酸盐矿物(高岭石,蛇纹石,白云母,黑云母,滑石,叶蜡石,绿泥石)。
(3)架状结构硅酸盐矿物(正长石,斜长石)。

四、注意事项

(1)逐一观察上述矿物标本的形态、物理性质,总结其鉴定特征。
(2)部分易混淆矿物之间的区别特征如表12—表16所示。

五、作业

(1)记录对上述矿物的观察结果。

（2）利用简单快捷的方法区分以下各组矿物：萤石、重晶石、方解石、蓝晶石、石膏；高岭石、铝土矿、绿泥石、橄榄石、绿柱石、蛇纹石。

表 12　普通辉石与普通角闪石

区别特征	矿物	
	普通角闪石	普通辉石
形态	长柱状，横断面为近菱形的六边形	短柱状，横断面呈近正方形的八边形
颜色	深绿色、绿黑色	绿黑色、黑色
解理	2组完全解理，夹角124°或56°	2组完全解理，夹角87°或93°

表 13　电气石与角闪石

区别特征	矿物	
	电气石	角闪石
单体形态	柱状，晶面具纵纹；横断面为球面三角形	柱状，横断面呈近菱形的六边形
解理	无	2组完全解理
硬度	7.0～7.5	5～6

表 14　石英与斜长石

区别特征	矿物	
	石英	斜长石
形态	柱状或不规则粒状	板状、板柱状，常发育聚片双晶
颜色	无色透明，或烟灰色、乳白色	以白色为主
光泽	晶面玻璃光泽，断口油脂光泽	玻璃光泽
解理与断口	无解理，具贝壳状断口	2组完全解理

表 15　绿帘石与绿泥石

区别特征	矿物	
	绿帘石	绿泥石
形态	单体短柱状，晶面常有纵纹，粒块集合体	单体板状或片状，常为鳞片状集合体
解理	1组完全解理	1组极完全解理
硬度	6.5	2.0～2.5

表 16　正长石与斜长石

区别特征	矿物	
	正长石	斜长石
形态	短柱状、厚板状,常发育卡氏双晶	板状、板柱状,常发育聚片双晶
颜色	常为肉红色	白色、灰白色
解理	1组完全解理,1组中等解理,夹角90°	2组完全解理,夹角94°或86°

教学参考资料

1. 链状结构硅酸盐矿物

普通辉石(augite)　$Ca(Mg, Fe^{2+}, Fe^{3+}, Ti, Al)[(Si, Al)_2O_6]$

单斜晶系的单链状结构硅酸盐矿物。短柱状,横断面近八边形(图15),集合体常为粒状、放射状或块状。绿黑色至黑色,条痕无色至浅灰绿色,玻璃光泽,近乎不透明;2组柱面中等解理,相交近直角(87°或93°),莫氏硬度5~6;相对密度3.23~3.52。

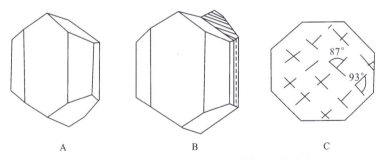

图 15　普通辉石的晶形(A)、双晶(B)及横截面形状和解理(C)

普通辉石是火成岩,尤其是基性岩、超基性岩中很常见的一种矿物,在月岩中也很丰富,变质岩中偶有出现。

鉴定特征:以绿黑色、八边形短柱状晶体、2组解理交角近直角,可与普通角闪石相区别。

普通角闪石(hornblende)　$Ca_2Na(Mg, Fe^{2+})_4(Al, Fe^{3+})[(Si, Al)_4O_{11}]_2(OH)_2$

单斜晶系的双链状结构硅酸盐矿物。晶体呈长柱状,横断面近菱形(图16),集合体常呈粒状、针状或纤维状。绿黑色至黑色,条痕浅灰绿色,玻璃光泽,近乎不透明;2组柱面解理完全,角闪石解理夹角为124°或56°,断面为菱形或近菱形,莫氏硬度5~6;相对密度3.1~3.4。

鉴定特征:以长柱状晶体、菱形横断面以及124°或56°的解理夹角,可与普通辉石相区别。

普通角闪石是火成岩和变质岩的主要矿物,常产于中、酸性侵入岩、喷出岩及角闪岩相的变质岩中。普通角闪石可做铸石原料中的配料。

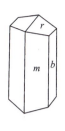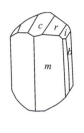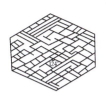

图 16　普通角闪石的晶形(A)、横截面形状及解理(B)

夕线石(sillimanite)　$Al_2[SiO_4]O$

斜方晶系。晶体呈柱状、针状，集合体呈纤维状。白色、灰白色，也可呈浅褐色、浅绿色、浅蓝色，玻璃光泽或丝绢光泽；板面解理完全；硬度 6.5～7.5；相对密度 3.23～3.27；折射率 1.66～1.67，双折射率 0.010。

夕线石是典型的高温变质矿物，由富铝的泥质岩石经高级区域变质作用而成，产于结晶片岩、片麻岩中；也见于富铝岩石与火成岩的接触带中。当加热到 1300℃ 时变为莫来石。

鉴定特征：柱状、针状晶形，产于接触变质带和变质岩中。

夕线石属蓝晶石族高铝矿物，是一种重要的非金属矿物材料，具有高温热稳定性、抗折性以及抗渣性，被广泛应用于高级耐火材料、耐酸材料、技术陶瓷、硅铝合金和人造莫来石领域，色泽艳丽者可作为宝石原料。

2. 层状结构硅酸盐矿物

高岭石(kaolinite)　$Al_4[Si_4O_{11}](OH)_8$

三斜晶系的层状结构硅酸盐矿物。多呈隐晶质、分散粉末状、疏松块状集合体。白色或浅灰色、浅绿色、浅黄色、浅红色等颜色，条痕白色，土状光泽；莫氏硬度 2.0～2.5；相对密度 2.60～2.63，吸水性强，加水具有可塑性，粘舌，干土块具粗糙感。

高岭石是组成高岭土的主要矿物，常见于岩浆岩和变质岩的风化壳中。它是陶瓷的主要原料，在其他工业中也有广泛使用。

鉴定特征：易于捏碎成粉末，粘舌，加水具可塑性。

世界著名的高岭石产地有英国的康沃尔郡和德文郡、法国的伊里埃、美国的佐治亚州等。中国高岭石的著名产地有江西景德镇、江苏苏州、河北唐山、湖南醴陵等。

蛇纹石(serpentine)　$Mg_6[Si_4O_{10}](OH)_8$

一族层状结构的硅酸盐矿物的总称。单体少见，多呈致密块状、层状或纤维状集合体。具有各种色调的绿色、浅黄色，常似蛇皮的绿黑相间的花纹，故称蛇纹石，条痕白色，块状蛇纹石呈油脂光泽或蜡状光泽，纤维状石膏具丝绢光泽；莫氏硬度 2.5～3.5；相对密度 2.5～2.65，稍具滑感。

蛇纹石主要是超基性岩或镁质碳酸岩中的富镁矿物经热液交代变质而成的。蛇纹石可作为耐火材料和生产钙镁磷肥的原料。绿色不透明者称岫玉，因辽宁岫岩县出产而得名，是著名的玉石。

鉴定特征：根据颜色、光泽、硬度，可与滑石相区别。

白云母(muscovite)　$K\{Al_2[(Si_3Al)O_{10}](OH)_2\}$

单斜晶系。晶体通常呈板状或片状，外形呈假六方形或菱形；柱面有明显的横条纹，双晶常见，多依云母律生成接触双晶或穿插三连晶。浅黄色、浅绿色、浅红色或红褐色,透明至半透明,玻璃光泽,解理面上现珍珠光泽;解理极完全,底面硬度为2~3,柱面硬度4,薄片具显著的弹性;相对密度2.76~3.10,绝缘性和隔热性强。

白云母主要出现于酸性岩浆岩中,此外,还常出现于云英岩、片岩和片麻岩中。由于白云母具有高度的绝缘性、耐热性、抗酸抗碱性、机械强度高和具有弹性等,成为现代技术,特别是电气、无线电和航空空间技术不可缺少的电绝缘材料。

鉴定特征:根据易裂成薄片并具弹性、浅色等特征,白云母易与其他矿物相区别。

黑云母(biotite)　K{(Mg,Fe)$_3$[AlSi$_3$O$_{10}$](OH)$_2$}

单斜晶系。成分不稳定,类质同象广泛,尤其Mg-Fe之间的完全类质同象。一般Mg/Fe<2,当Mg/Fe>2时称金云母;含铁量特高者为铁黑云母。混入物有Na、Ca、Rb、Cs、Ba等元素。晶体呈假六方板状或锥形短柱状;集合体呈片状或鳞片状。颜色为黑色、深褐色,有时带浅红色、浅绿色或其他色调,含钛高的呈浅红褐色,富含高价铁呈绿色,透明至不透明,玻璃光泽,黑色呈半金属光泽,莫氏硬度2~3;相对密度3.02~3.12。

深成岩和浅成岩,特别是酸性或偏碱性的岩石中大都含有黑云母。它被广泛应用在装饰涂料中。

鉴定特征:根据颜色,可与白云母相区别。

滑石(talc)　Mg$_3$[Si$_9$O$_{10}$](OH)$_2$

单斜晶系。一般为致密块状、叶片状、纤维状或放射状集合体。块状集合体呈脂肪光泽,片状集合体呈珍珠光泽,半透明或不透明;1组极完全解理,薄片具挠性,莫氏硬度1;相对密度2.6~2.8,有滑感,置水中不崩散,无臭,无味,绝热及绝缘性强。

滑石是热液蚀变矿物。富镁矿物经热液蚀变常变为滑石,故滑石常呈橄榄石、顽火辉石、角闪石、透闪石等矿物假象。滑石多用作耐火材料、造纸、橡胶的填料、农药吸收剂、皮革涂料、化妆材料及雕刻用料等,质佳者可以作为中药。

鉴定特征:质软而细致,手摸有滑润感。

产地:辽宁、山东、广西、江西和青海等。

叶蜡石(pyrophyllite)　Al$_2$[Si$_4$O$_{10}$](OH)$_2$

单斜晶系。目前尚未发现独立的完整晶体,多呈隐晶质块状或微晶鳞片集合体,偶见纤维状放射状集合体;白色,或因含杂质的不同而呈黄色、浅黄色、淡绿色、灰绿色、褐绿色、淡蓝色、浅褐色等,玻璃光泽,有珍珠状晕彩;1组完全解理,莫氏硬度1~2;相对密度2.65~2.90,具有较好的耐热性和绝缘性。

叶蜡石主要产于结晶片岩和千枚岩中。常用作耐火材料、陶瓷、电瓷、坩埚、玻璃纤维等的生产原料。

鉴定特征:叶蜡石和滑石及绢云母非常相似,滑石的光轴角很小,绢云母中等,而叶蜡石的光轴在三者中最大,区别三者需要依靠电子探针手段。

绿泥石(chlorite)　(Mg,Fe,Al)$_6$[(Si,Al)$_4$O$_{10}$](OH)$_8$

单斜晶系。化学成分复杂,类质同象替代广泛。晶体呈假六方片状或板状。集合体呈鳞片状、土状。浅绿色至深绿色,玻璃光泽或珍珠光泽,透明至不透明;1组完全解理,薄片具挠性,莫氏硬度2.0~2.5;相对密度2.6~3.3。

鉴定特征:据颜色、形态、挠性及低硬度,可与相似矿物云母相区别。

富含镁的绿泥石常产于低级区域变质形成绿泥石片岩和低温热液蚀变的围岩中；富铁绿泥石产于沉积铁矿中,在贫氧富铁的浅海-滨海环境可形成巨大的鲕绿泥石矿体。

3. 架状结构硅酸盐矿物

正长石(orthoclase)　K[AlSi₃O₈]

单斜晶系。正长石是钾长石的亚稳相变体,钾长石和钠长石不完全类质同象系列。短柱状或厚板状晶体,常见卡氏双晶,集合体为致密块状(图17)。肉红色或浅黄色、浅黄白色,玻璃光泽,解理面珍珠光泽,半透明;2组解理(1组完全、1组中等)相交成90°,由此得正长石之名,莫氏硬度6;相对密度2.56～2.58。900℃以上生成的无色透明长石称透长石。

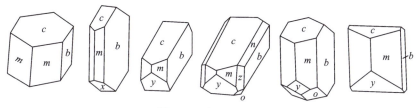

图17　正长石的晶形

鉴定特征：正长石以其晶形、双晶、硬度、解理及颜色作为重要的鉴别标志。正长石以其表面易风化(不干净)、有2组完全解理、晶形及双晶等特征与石英相区别,以具2组完全解理与霞石相区别,以其解理夹角和颜色区别于斜长石。

正长石广泛分布于酸性和碱性成分的岩浆岩、火山碎屑岩中,在钾长片麻岩和花岗混合岩以及长石砂岩和硬砂岩中也有分布。正长石是陶瓷业和玻璃业的主要原料,也可用于制取钾肥。

斜长石(plagioclase)　Na[AlSi₃O₈]—Ca[Al₂Si₂O₈]

三斜晶系架状结构硅酸盐矿物。斜长石是Na[AlSi₂O₈]—Ca[AlSi₂O₈]的连续类质同象系列的长石矿物的总称。晶体多为柱状或板状,常见聚片双晶,在晶面或解理面上可见细而平行的双晶纹(图18)。白色至灰白色,有些呈微浅蓝色或浅绿色,玻璃光泽,半透明;2组解理(1组完全、1组中等)相交的夹角为86°24′(故得名斜长石),莫氏硬度6～6.5;相对密度2.60～2.76。

斜长石广泛分布于岩浆岩、变质岩和沉积碎屑岩中。斜长石是陶瓷业和玻璃业的主要原料,色泽美丽者可作宝玉石材料,如日光石。

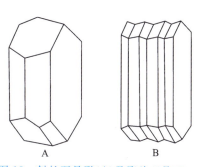

图18　斜长石晶形(A)及聚片双晶(B)

实习七

含氧盐（三）

参考PPT

一、目的与要求

(1) 观察描述常见其他含氧盐（非硅酸盐）矿物的形态和物理性质。
(2) 总结常见非硅酸盐含氧盐矿物的鉴定特征。
(3) 了解这些矿物的成因意义及其主要用途。

二、实习用品

放大镜,小刀,铅笔,瓷板,稀盐酸,氢氧化钾试液,硝酸试液,钼酸铵试剂。

三、内容

1. 碳酸盐类

方解石,白云石,文石,孔雀石,蓝铜矿。

2. 硫酸盐类

重晶石,天青石,石膏,硬石膏。

3. 钨酸盐类

白钨矿,黑钨矿。

4. 磷酸盐类

磷灰石,绿松石,独居石。

四、注意事项

(1) 观察上述矿物标本的形态、物理性质，总结其鉴定特征。
(2) 部分易混淆矿物之间的区别特征如表17所示。

表 17　方解石与白云石

区别特征	矿物	
	方解石	白云石
晶面、解理面形态	平整	常弯曲成马鞍形
莫氏硬度	3	3.5~4
与冷稀盐酸发生反应的程度	剧烈起泡	反应缓慢，粉末起泡

五、作业

(1) 记录对上述矿物的观察结果。
(2) 利用简单快捷的方法区分萤石、重晶石、方解石、蓝晶石、石膏。

教学参考资料

1. 碳酸盐类

方解石(calcite)　$Ca[CO_3]$

三方晶系。晶体常为复三方偏三角面体或菱面体与六面体的聚形，集合体多呈粒状、块状、钟乳状、鲕状、纤维状及晶簇状等(图19)。通常为无色、乳白色，含杂质则染成各种颜色，有时具晕色，其中无色透明的晶体称冰洲石，玻璃光泽；3组完全菱面体解理，故名方解石，性脆，莫氏硬度3；相对密度2.6~2.9，遇冷稀盐酸剧烈起泡。

鉴定特征：菱面体完全解理，硬度不大，加稀盐酸剧烈起泡。

方解石是分布最广的矿物之一，是组成石灰岩和大理岩的主要成分。在石灰岩地区，溶解在溶液中的重碳酸钙在适宜的条件下沉淀出方解石，形成千姿百态的钟乳石、石笋、石幔、石柱等自然景观。方解石在冶金工业上用作熔剂，在建筑工业方面用来生产水泥、石灰。冰洲石是制作偏光棱镜的高级材料。

白云石(dolomite)　$CaMg[CO_3]_2$

三方晶系。晶体结构与方解石类似，晶形为菱面体，晶面常弯曲成马鞍状，聚片双晶常见，多呈块状、粒状集合体。纯白云石为白色，因含其他元素和杂质有时呈灰绿、灰黄、粉红等色，玻璃光泽；3组菱面体解理完全，性脆，莫氏硬度3.5~4.0；相对密度2.8~2.9，矿物粉末在冷稀盐酸中反应缓慢。

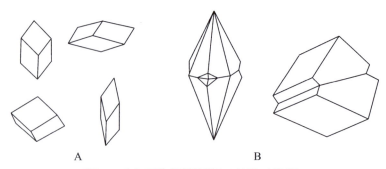

图19 方解石常见晶体形态(A)及双晶(B)

鉴定特征:晶面(解理面)呈弯曲的马鞍形,硬度稍大,在冷稀盐酸中反应缓慢等特征,可与相似的方解石相区别。

白云石主要形成于海相沉积盆地中,也可形成于热液交代环境中,可见于岩浆成因的碳酸岩中,也可见于区域变质或接触变质形成的大理岩中。白云石可用作冶金熔剂、耐火材料、建筑材料和玻璃、陶瓷的配料。

文石(aragonite)　Ca[CO_3]

斜方晶系。晶体呈柱状或矛状,常见假六方对称的三连晶。集合体多呈皮壳状、鲕状、豆状、球粒状等。通常呈无色、白色、黄白色,透明,玻璃光泽,断口为油脂光泽;具不完全的板面解理,贝壳状断口,莫氏硬度3.5~4.5;相对密度2.9~3.0。文石与方解石呈同质异象,在自然界中文石不稳定,常转变为方解石。

文石主要形成于外生作用条件下,产于近代海底沉积物或黏土中,石灰岩洞穴中,也可形成于内生作用,产于温泉沉积及火山岩的裂隙和气孔中,是低温矿物,也有生物成因的,产于某些贝壳中。

鉴定特征:文石和方解石的成分相同,光学性质相似,但两者仍有不少区别。文石不具菱面体解理,而方解石具有菱面体解理;在显微镜下,文石平行解理方向表现为平行消光,而方解石往往表现为对称消光;文石是二轴晶,而方解石为一轴晶。

主要产地:中国西藏、台湾及意大利西西里岛等地。西藏的文石矿发现在世界最深最长的雅鲁藏布大峡谷人迹罕至地带,台湾澎湖文石主要分布于望安岛、西屿、七美屿等的沿岸,以雅鲁藏布大峡谷的矿料最具宝石价值。

孔雀石(malachite)　Cu_2[CO_3](OH)$_2$

单斜晶系。因颜色类似蓝孔雀羽毛的颜色而得名。晶体为柱状、针状或纤维状,通常呈钟乳状、肾状、被膜状或土状集合体。呈绿色,玻璃光泽,半透明;莫氏硬度3.5~4.0;相对密度4.0~4.5,遇盐酸起泡。

孔雀石产于铜矿床氧化带中,是含铜硫化物氧化的次生产物,常与蓝铜矿、赤铜矿、褐铁矿等共生,可用作寻找原生铜矿的标志。孔雀石可用于炼铜,质纯色美者可作为装饰品及工艺品原料,其粉末可用作绿色颜料。

鉴定特征:鲜艳的颜色,特征的形态,加盐酸后立即起泡,易与其他矿物相区别。

世界主要的孔雀石产地有俄罗斯乌拉尔、中国海南石碌等。

蓝铜矿(azurite)　Cu_3(CO_3)$_2$(OH)$_2$

单斜晶系。晶体呈柱状、厚板状、粒状、钟乳状、土状等。深蓝色,玻璃光泽;2组解理完全或中等,莫氏硬度3.5~4.0;相对密度3.30~3.89。

蓝铜矿是一种含铜碳酸盐的蚀变产物,常作为铜矿的伴生产物。可作为铜矿石来提炼铜,也用作蓝色颜料,质优的还可制作成工艺品。

鉴定特征:遇盐酸起泡。蓝铜矿以特殊的孔雀绿色及典型的条带为其鉴定特征。

主要产地:俄罗斯、罗马尼亚、巴西等。中国的蓝铜矿产地主要在湖北。

2. 硫酸盐类

重晶石(barite)　Ba[SO_4]

斜方晶系。晶体常呈厚板状或柱状,多为致密块状或板状、粒状集合体。质纯时无色透明,含杂质时被染成各种颜色,条痕白色,玻璃光泽,透明至半透明;3组解理完全,夹角等于或近于90°,莫氏硬度3.0~3.5;相对密度4.3~4.5。

鉴定特征:板状晶形,硬度小,近直角相交的完全解理,密度大,遇盐酸不起泡,并以此与相似的方解石相区别。

重晶石主要形成于中低温热液条件下,是提取钡的原料,磨成细粉可作钻探用的泥浆加重剂,又可作各种白色颜料、涂料以及橡胶业、造纸业的填充剂和化学药品等。

中国湖南、广西、青海、新疆等地有巨大的重晶石矿脉。

天青石(celestite)　Sr[SO_4]

斜方晶系。晶体呈板状、柱状或片状,完好晶体少见,多为集合体,呈钟乳状、结核状、纤维状、细粒状;常见蓝色、绿色、黄绿色、橙色或无色,有时为无色透明,玻璃光泽,解理面呈珍珠光泽,透明至半透明;3组解理完全,夹角等于或近于90°,莫氏硬度3.0~3.5;相对密度3.9~4.0。

天青石成因可分为沉积型、层控型、岩浆-热液型和次生淋滤型4种类型,主要产于白云岩、石灰岩、泥灰岩和含石膏黏土等沉积岩中或产于热液矿床和沉积矿床中。天青石主要用于制造碳酸锶以及生产电视机显像管玻璃等。

鉴定特征:厚板状或柱状晶形,多为致密块状或板状、粒状集合体。条痕白色,玻璃光泽,透明至半透明。它易与重晶石混淆,两者区别在于天青石的折射率、双折射率略低于重晶石,而光轴角则略大于重晶石。

中国的天青石储量居世界之首,其次为西班牙、墨西哥、土耳其、伊朗等国。中国江苏溧水爱景山天青石脉状矿床是亚洲最大的锶矿产地。

石膏(gypsum)　Ca[SO_4]·$2H_2O$

单斜晶系。晶体常呈近似菱形的板状,燕尾双晶常见(图20),多为纤维状、粒状、致密块状集合体。玻璃光泽,纤维状者呈丝绢光泽;1组极完全解理,薄片具挠性,莫氏硬度2;相对密度2.3。石膏有多种形态产出:质纯无色透明的晶体称为透石膏;雪白色、不透明的细粒块状称为雪花石膏;纤维状集合体并具丝绢光泽的称为纤维石膏。石膏加热放出水分后,变为熟石膏。

石膏主要由化学沉积作用形成。潟湖盆地中沉积的石膏层,规模巨大,常与硬石膏、石盐、钾石盐等共生。主要用于制造水泥、塑造模型及医药等,透石膏晶体用在光学仪器上。

鉴定特征:硬度低,具1组极完全解理,以及各种特征的形态可以鉴别。致密块状的石膏以其低硬度和加盐酸不起泡可以与碳酸盐矿物相区别。

中国的石膏矿储量在世界上名列前茅,以湖北应城最为著名。

  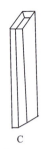 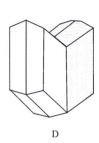

A　　　　　　　B　　　　　　C　　　　　　　　D

图 20　石膏的晶形:单晶(A、B、C)及双晶(D)

硬石膏(anhydrite)　Ca[SO$_4$]

斜方晶系。晶体呈柱状或厚板状,集合体呈块状或纤维状。无色、白色,或因含杂质而呈浅灰色、浅蓝色或浅红色,具有玻璃光泽;具3组相互垂直的解理,可裂成长方形解理块,莫氏硬度3.0～3.5;相对密度2.8～3.0。

硬石膏主要为化学沉积的产物,大量形成于内陆盐湖中,常与石膏共生,暴露在地表时易水化而变成石膏。主要用于制造化肥和代替石膏作硅酸盐水泥的缓凝剂。

鉴定特征:以相对密度小、解理方向(3组解理互相垂直)和光学常数,可与重晶石族矿物相区别;与钙镁碳酸盐的区别是滴盐酸不起泡;与石膏的区别是硬度较大。

世界著名的硬石膏产地有波兰的维利奇卡、奥地利的巴特布莱贝格、德国的施塔斯富特、瑞士的贝城、美国的洛克波特和中国的南京周村等。

3. 钨酸盐类

白钨矿(scheelite)　Ca[WO$_4$]

四方晶系。晶体为近于八面体的四方双锥,集合体多为粒状、致密块状。常呈无色或白色,有时带灰白色、浅黄色、褐色、绿色等,条痕白色,玻璃光泽到金刚光泽,断口油脂光泽;解理中等,性脆,莫氏硬度4.5～5.0;相对密度大,达5.8～6.2。

白钨矿主要产于花岗岩与石灰岩接触带的矽卡岩中,是炼钨的主要原料。

鉴定特征:白钨矿在紫外线照射下发浅蓝色荧光,以灰白色、中等解理、硬度小、密度大可与石英相区别。

中国湖南瑶岗仙是世界著名的白钨矿产地。世界著名的白钨矿产地还有德国萨克森州、英国康沃尔郡、澳大利亚新南威尔士州、玻利维亚北部地区和美国内华达州等。

黑钨矿(wolframite)　(Mn,Fe)[WO$_4$]

单斜晶系。晶体呈厚板状、短柱状,有时呈柱状、毛发状,完好晶体较少见,晶面上常有纵纹;集合体为板状。矿物和条痕颜色均随铁、锰含量而变化,含铁愈多,颜色愈深,一般为褐红色至黑色,条痕黄褐色至黑褐色,金属光泽至半金属光泽;1组完全的板面解理,莫氏硬度4.0～4.5;相对密度7.12～7.51,一般具有弱磁性。

黑钨矿产于高温热液石英脉中,是炼钨的最主要的矿物原料。

鉴定特征:根据晶形、解理、相对密度、颜色及条痕色,可与镜铁矿、闪锌矿、铬铁矿、磁铁矿等相似矿物相区别。

中国赣南、湘东、粤北一带是世界著名的黑钨矿产区。其他主要产地还有俄罗斯西伯利亚、缅甸、泰国、澳大利亚、玻利维亚等。

4. 磷酸盐类

磷灰石(apatite)　$Ca_5[PO_4]_3(F,OH)$

六方晶系。晶体一般为带锥面的、长短不一的六方柱,集合体呈粒状、块状等。颜色多样,有白色、灰色、黄绿色、褐色、紫色等,(薄片)无色透明,玻璃光泽(断口油脂光泽),透明至不透明;解理沿底面不完全,性脆,断口不平坦,莫氏硬度5;相对密度3.18～3.21。加热后可发磷光。将钼酸铵粉末置于磷灰石上,加硝酸,可生成黄色的磷钼酸铵,该方法可用以快速试磷。

磷灰石形成环境广泛,在碱性岩、沉积岩及变质岩中规模较大。具有隐晶质或胶状构造的磷灰石称为胶磷矿,为浅海沉积;生物化学成因形成的磷矿为动物骨骼或粪便形成的羟磷灰石。磷灰石是提取磷的原料,晶体透明、颜色漂亮者可作为宝石。

鉴定特征:当晶体较大时,晶形、颜色、硬度可作为鉴定特征。若为分散状态的细小颗粒则需依靠化学鉴定;将钼酸铵粉末置于矿物上,加一滴硝酸,若含磷即产生黄色沉淀。

绿松石(turquoise)　$CuAl[PO_4]_4(OH)_8·5H_2O$

三斜晶系。单晶极少见,常呈隐晶质致密块状、结核状、豆状、葡萄状、瘤状、姜状、皮壳状等集合。颜色呈鲜艳的天蓝色、淡蓝色、湖蓝色、蓝绿色、黄绿色及苹果绿色等,条痕白色或浅绿色,蜡状光泽;解理完全,莫氏硬度5～6;相对密度2.76。

绿松石是在表生条件下的含铜水溶液与含氧化铝矿物及含磷矿物(如磷灰石)在铜矿床地表附近裂隙中沉淀而成的。

鉴定特征:以颜色、硬度及光泽为鉴定特征。

我国是绿松石的主要产出国之一。湖北郧县、陕西白河、河南淅川、新疆哈密、青海乌兰、安徽马鞍山等地均有绿松石产出。伊朗、埃及、美国、墨西哥、阿富汗、印度等国均产出绿松石。

独居石(monazite)　$(Ce,La,Nd,Th)PO_4$

单斜晶系。晶体为细小板状或柱状。因经常呈单晶体而得名。棕红色、黄色,有时褐黄色,油脂光泽或玻璃光泽,微透明至透明;解理完全,贝壳状至参差状断口,莫氏硬度5～5.5;相对密度4.9～5.5,常具放射性。

独居石主要作为副矿物产在花岗岩、正长岩、片麻岩和花岗伟晶岩中,与花岗岩有关的热液矿床中也有产出。它是提炼铈、镧的主要矿物,是商业钍的主要来源,也可用来提炼钍。粗大且透明者可以作为宝石。

鉴定特征:独居石溶于硫酸,与KOH溶合后加钼酸铵便出现磷钼酸铵黄色沉淀。

具有经济开采价值的独居石主要产自冲积型或海滨砂矿床。最重要的海滨砂矿床在澳大利亚、巴西以及印度等沿海。此外,斯里兰卡、马达加斯加、南非、马来西亚、中国东北、泰国、韩国、朝鲜等地都含有独居石的重砂矿床。我国白云鄂博也是独居石的重要产地,但优良大晶体稀少。世界上出产宝石级独居石的国家有美国、玻利维亚等。

实习八

外源沉积岩

参考PPT

一、目的与要求

(1) 观察外源沉积岩的主要岩石类型。
(2) 掌握外源沉积岩的描述与命名方法。
(3) 学会鉴定常见的外源沉积岩。

二、实习用品

放大镜,小刀,三角板,铅笔。

三、内容

1. 陆源碎屑岩

砾岩(角砾岩),石英砂岩,长石砂岩,岩屑砂岩,粉砂岩,杂砂岩,黏土岩,页岩。

2. 火山碎屑岩

集块岩,火山角砾岩,凝灰岩,熔结凝灰岩。

四、注意事项

(1) 描述砾岩时应注意砾石成分、大小、含量、磨圆度以及胶结物,注意胶结方式。
(2) 砂岩主要有硅质、铁质和钙质以及黏土胶结。
(3) 注意石英砂岩、长石砂岩和岩屑砂岩中石英、长石和岩屑的含量。
(4) 注意观察火山碎屑岩中岩屑、玻屑与晶屑三者有何不同。注意凝灰岩、熔结凝灰岩、流纹岩的区别。

（5）黏土岩混入物鉴别方法：成分单一、无陆源碎屑混入的黏土岩，刀切面光滑、牙磨无砂感；含粉砂时，刀切面具粗糙感，小刀刻划有沙沙声，牙磨有砂感；含砂粒时肉眼可见砂粒。黏土岩含碳质，色黑且污手，有时可见植物叶片化石；含细分散状黄铁矿，色黑但不污手；含沥青质，呈棕色调，质地轻，指甲刻划有油脂光泽。

五、作业

（1）观察描述砾岩（角砾岩）、石英砂岩、长石砂岩、岩屑砂岩、粉砂岩、黏土岩和页岩标本。
（2）观察描述火山角砾岩、凝灰岩和熔结凝灰岩标本。
（3）长石砂岩和石英砂岩的形成环境如何？长石砂岩中的长石含量一定比石英含量高吗？砾石含量多少才能称砾岩？
（4）怎样区分火山角砾岩与角砾岩？

教学参考资料

1. 陆源碎屑岩

1）砾岩（角砾岩）

颜色　描述岩石整体的颜色，若碎屑与填隙物颜色不均匀，则将岩石标本置于距眼睛 0.5m 或更远处，观察描述其整体颜色；分别描述新鲜面与风化面的颜色。

结构　均为砾（角砾）状结构。可根据砾石的大小、磨圆度作进一步划分：按砾石大小可进一步划分为细砾结构（2～10mm）、中砾结构（10～50mm）、粗砾结构（50～250mm）、巨砾结构（>250mm）；按砾石磨圆度可进一步划分为砾状结构（圆状、次圆状砾石含量大于 50%）、角砾状结构（棱角状、次棱角状砾石含量大于 50%）。

构造　砾岩中常见的原生沉积构造为叠瓦状构造。如果砾石或颜色分布较均匀，可称之为块状构造。

成分　可分砾石成分和填隙物成分两部分。砾石成分可根据岩石碎屑成分或岩类判断；填隙物成分是指砾石之间的杂基（砂、粉砂或黏土）或胶结物。若填隙物为胶结物，则须进一步判断其化学成分。常见胶结物的化学成分及其识别方法如下。

硅质：矿物成分主要为玉髓和自生石英。一般颜色较浅，硬度大，抗风化能力强。

钙质：矿物成分主要为方解石。硬度较小，加稀盐酸剧烈起泡。

铁质：矿物成分多为赤铁矿（风化后成褐铁矿）。常呈红色、黄色、紫色、褐色等色调。

若填隙物为杂基，则应确定其支撑类型（颗粒支撑、杂基支撑）；若填隙物为胶结物，应确定其胶结类型（基底式胶结、孔隙式胶结）。

砾岩（角砾岩）的分类及命名　砾级碎屑含量超过 50%，称为砾岩（或角砾岩）。

（1）当砾石含量>50%，基质含量<50% 时，命名如下：

按粒度分为细砾岩（2～10mm）、中砾岩（10～50mm）、粗砾岩（50～250mm）、巨砾岩（>250mm）；按砾石成分分为单成分砾岩（成分单一）、复成分砾岩（成分复杂）；按胶结物分为硅质砾岩、钙质砾岩等。

综合命名如粗砾硅质燧石岩砾岩、中砾钙质复成分砾岩。

(2)当砾石含量>30%,基质含量>50%时,命名如下:

如以砂质为主,则称为砾质砂岩;以泥质为主,则称为砾质泥岩;以混基为主,则称为砾质杂砂岩等。

(3)当砾石含量为5%~30%时,命名时应在主要岩石名称前加"含砾"二字,如含砾粗粒钙质岩屑砂岩。

描述举例　浅灰色中—细砾复成分砾岩

浅灰色;中—细砾状结构;块状构造。砾石成分以白云岩为主,灰白色,粉末加稀盐酸起泡;次为硅质岩,深灰色—黑色,致密坚硬。白云岩砾石以次圆状为主,硅质岩砾石以次棱角状为主。砾径最大20mm,最小2mm,以10~15mm为主。大小不均匀,分选中一差。砾石表面具明显的红色氧化圈。砾石含量(体积百分数)约60%(含量估算见附图1);填隙物,浅灰色,加稀盐酸剧烈起泡,为钙质胶结物。胶结类型为基底式,胶结紧密。

2)砂岩

颜色　岩石整体颜色。要注意观察颜色分布是否均匀、主要是由哪部分组分显示出来的,从而确定是继承色、原生色还是次生色。

结构　砂状结构。根据砂粒大小进一步划分为粗粒结构(2~0.5mm)、中粒结构(0.5~0.25mm)、细粒结构(0.25~0.05mm)。

构造　注意观察描述砂岩中的各种沉积构造,如层理构造(图21)、层面构造(波痕、泥裂、雨痕等)。在野外根据层厚可分为:薄层构造(<10cm)、中层构造(10~50cm)、厚层构造(50~100cm)、块状构造(>100cm)。

成分　分为碎屑成分和填隙物成分。碎屑成分常见的组成砂粒的矿物碎屑是石英、正长石、酸性斜长石和白云母。组成砂粒的岩屑多为颗粒细小或隐晶质的岩石,其岩性的准确

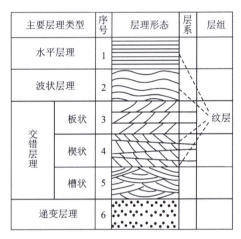

图21　层理类型

鉴定只能在显微镜下进行。常见的岩屑成分有燧石岩、石英岩、板岩、千枚岩、熔结凝灰岩等。在砂粒成分鉴定出来以后,应进一步描述其粒度、分选性、磨圆度,对各成分砂粒的百分含量作出统计。描述填隙物种类和支撑(胶结)类型。

砂岩的分类与命名　又可按单因素分类命名或综合命名。

(1)按单因素命名。按颜色分为红色砂岩、绿色砂岩等;按粒度分为细砂岩、中砂岩、粗砂岩等;按胶结物分为钙质砂岩、铁质砂岩等;按杂质含量分为净砂岩和杂砂岩等。

按碎屑组成:根据砂粒的成分组成(石英、长石、岩屑的含量百分比)在砂岩三角分类图上投影定出砂岩的基本名(图22),如石英砂岩、长石砂岩等。

(2)综合命名。按照研究程度,综合各种单因素尽可能全面地命名。一般原则:颜色+构造+粒度+胶结物+碎屑组成+基本名(长石砂岩、石英砂岩、岩屑砂岩等),如灰白色中粒钙质长石石英砂岩。

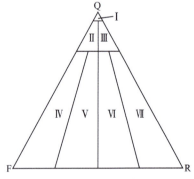

Ⅰ.石英砂岩;Ⅱ.长石石英砂岩;Ⅲ.岩屑石英砂岩;Ⅳ.长石砂岩;Ⅴ.岩屑长石砂岩;
Ⅵ.长石岩屑砂岩;Ⅶ.岩屑砂岩。
Q.石英;F.长石;R.岩屑。

图22　砂岩的分类

描述举例　肉红色中—粗粒长石砂岩。肉红色;中—粗粒砂状结构;块状构造,单层厚约1.5m(在实验室观察标本时,一般不描述层厚)。碎屑成分:石英,无色透明,油脂光泽;粗粒(0.5~2mm);次圆

状—次棱角状；含量约60％。钾长石，肉红色，玻璃光泽，完全解理；中—粗粒(0.25~2mm)；含量约30％；以次圆状为主。白云母，白色鳞片状，少量。填隙物为黏土和铁质，孔隙式胶结，胶结紧密。

3) 粉砂岩

粉砂岩与砂岩并无本质差异，仅粒度更细而已。因而砂岩观察、鉴定和描述的要点在原则上均适用于粉砂岩，但粒度细也使粉砂岩的观察具有某些特殊性。手标本观察一般难以确定粉砂岩的碎屑含量和组成；粉砂岩常含较多碎屑白云母，它们一般平行层面排列，在合适断面上对着光可见许多针尖状闪亮细点，这是粉砂岩在碎屑成分上的重要鉴定特征。粉砂有粗细之分，粗粉砂有明显颗粒感，岩石断面比较粗糙；细粉砂更像泥质，但不如泥质细腻。粉砂岩富含泥质，受压力和其他成岩后生作用影响，有时也会出现程度不同的页理。

颜色 观察岩石整体颜色。要注意观察颜色分布是否均匀、主要是由哪部分组分显示出来的，从而确定是继承色、原生色还是次生色。

结构 粉砂结构。按砂粒进一步分为粗粉砂结构和细粉砂结构。

构造 水平层理、对称波痕等沉积构造较常见。

成分 粉砂岩中碎屑成分以石英、白云母为主，长石、岩屑较少，暗色矿物含量较多。碎屑因悬浮搬运，分选较好，但磨圆度较差(以次棱角状、棱角状为主)。

粉砂岩的分类及命名 又分为单因素命名和综合命名。

(1)单因素命名。按颜色，如灰白色粉砂岩、紫红色粉砂岩等；按粒度，粗粉砂岩、细粉砂岩；按胶结物，如钙质粉砂岩、铁质粉砂岩等；按泥质含量，粉砂岩(泥质＜5％)、含泥粉砂岩(泥质5％~25％)、泥质粉砂岩(泥质25％~50％)等；按碎屑组成，可借助砂岩的三角分类图(图22)。

(2)综合命名。按照研究程度，综合各种单因素尽可能全面地命名。一般原则：颜色＋填隙物成分＋泥质＋碎屑组成＋粒度＋基本名，如灰白色钙质长石石英粗粉砂岩。

描述举例 灰绿色泥质粗粉砂岩。风化面土黄色，新鲜面灰绿色；粗粉砂结构；水平层理明显。碎屑成分：石英，无色透明，油脂光泽，含量约60％。长石，已风化成白色高岭石粉末，含量约30％。白云母，细小鳞片状，平行层面排列。填隙物以黏土为主，少量铁质。

4) 黏土岩(页岩)

颜色 注意观察新鲜面和风化面、干燥和潮湿颜色的差别。

结构 一般具泥质结构。若含陆源碎屑，根据黏土、粉砂或砂的相对含量确定其结构类型，如含粉砂泥质结构。根据黏土矿物集合体的形态，分为胶状结构、鲕状结构等。

构造 以水平层理、页理(成岩过程受风化作用影响形成的力学薄弱面)最为特征，泥裂、雨痕等也较常见。

成分 以黏土矿物为主，还有少量陆源碎屑矿物和自生非黏土矿物。黏土矿物的类型肉眼难以鉴别；常见的陆源碎屑为粉砂和砂；常见的非黏土矿物有钙质(方解石)、铁质(铁的氧化和氢氧化物)、硅质(蛋白石、玉髓)、碳质、细分散黄铁矿、沥青质等。

黏土岩的分类及命名 首先根据有无页理构造分出泥岩和页岩两种基本类型，然后根据陆源碎屑或非黏土矿物的种类与含量进一步分类命名，如粉砂质泥(页)岩、钙质泥(页)岩、油页岩。前面尚可冠以岩石的颜色，如黄绿色粉砂质泥岩、黑色页岩等。

描述举例 黄绿色含粉砂泥岩。黄绿色，风化面土黄色；含粉砂泥质结构；水平层理发育。成分以黏土矿物为主，含少量粉砂(10％~20％)，具粗糙感和弱粘舌性。

2. 火山碎屑岩

此处指广义的火山碎屑岩。现对广义的火山碎屑岩概述如下：

颜色　火山碎屑岩常具有特殊鲜艳的颜色,如浅红色、紫红色、嫩绿色、淡黄色、灰绿色等,是野外鉴别火山碎屑岩的重要标志之一。颜色主要取决于物质成分,中基性火山碎屑岩色深,为暗紫红、墨绿等色;中酸性者则色浅,常为粉红色、浅黄色等。其次取决于次生变化,如绿泥石化则显绿色,蒙脱石化则显灰白色或浅红色。

结构　按火山碎屑的粒级划分为:集块(>64mm)、火山角砾(64～2mm)、火山灰(2～0.064mm)、火山尘(<0.064mm)。专属性的火山碎屑岩结构有:集块结构(火山集块>50%)、火山角砾结构(火山角砾>70%)、凝灰结构(火山灰>70%)。视碎屑形态特点,尚有塑变碎屑结构(主要由塑变碎屑组成)、碎屑熔岩结构(基质为熔岩结构)、沉凝灰结构(指混入正常沉积物),以及凝灰砂状、凝灰粉砂状、凝灰泥状等过渡类型结构等。火山碎屑物的分选性及粒度都很差,这是由于未经长距离搬运或就地堆积所致的。

构造　层理构造(水携或风携火山碎屑沉积)、递变层理(火山碎屑重力流)、斑杂构造(火山碎屑物在颜色、粒度、成分上分布不均,且无排列性)、平行构造(伸长形的火山碎屑物定向排列)、假流纹构造(流纹质熔结凝灰岩),有时还见气孔构造、杏仁构造、火山泥球构造及豆石构造等,甚至在某些火山细碎屑岩中可见生物扰动构造及实体化石。

成分　碎屑成分主要包括岩屑、晶屑和玻屑。岩屑的成分较复杂,如早期形成的火山岩、沉积岩等。常见的晶屑有石英、长石(多为透长石)。玻屑为隐晶质或玻璃质,一般颜色较深,形状特殊,多呈撕裂状、凹凸棱角状等。填隙物多为细小的火山碎屑(火山灰、火山尘)。

分类及命名　根据碎屑粒度和各粒级组分的相对含量,划分为3个基本类型,即集块岩、火山角砾岩和凝灰岩。

3. 几种常见岩石

石英砂岩　砂岩中石英含量大于95%,含少量长石和岩屑,重矿物极少,石英磨圆度高,大小均一,分选性良好,缺少杂基,胶结物大多为硅质,其次为钙质($CaCO_3$)和铁质,以接触式胶结为主。砂岩的成分成熟度和结构成熟度均较高。颜色多为灰白色,或略带其他浅色调。波痕、交错层理等沉积构造发育。

长石砂岩　长石碎屑含量大于25%,长石的种类多为酸性斜长石和钾长石。一般为粗砂状结构,肉红色至灰色,分选性和磨圆度变化较大,由很好至极差。常含较多的杂基,胶结物多为钙质、硅质、铁质等。当砂粒中含较多的石英碎屑(石英含量大于75%)时,即过渡为长石石英砂岩。当岩石中含大量杂基时,则属长石杂砂岩。长石砂岩多由长英质母岩,如花岗岩、片麻岩经机械(物理)风化、短距离搬运,在山前或山间盆地堆积而成。

岩屑砂岩　砂岩中岩屑含量大于25%,长石含量小于25%,石英含量小于75%。岩屑成分复杂,一般有3类:火山岩岩屑,多为隐晶质的熔岩碎屑;低中级变质岩岩屑,如板岩、千枚岩和云母片岩岩屑;沉积岩岩屑,包括各种页岩、粉砂岩、燧石岩岩屑以及灰岩和白云岩岩屑。因此,从岩屑砂岩中岩屑的成分可以推测其母岩的类型。常在山前冲积扇、山间盆地及河流相沉积中产出。主要分布于强烈隆起的山前凹陷区内。

杂砂岩　又称瓦克岩(wacke)、硬砂岩,是指杂基含量高(>15%)的砂岩。杂砂岩中的碎屑一般呈棱角状,分选性差,结构成熟度低,属密度流沉积。它的特征是暗色、坚硬、固结很好,含有多种岩屑,主要为粉泥质岩屑和低变质岩岩屑,酸性火山岩岩屑亦常见,石英含量高达25%~33%,长石以钠长石为主,含有绢云母、绿泥石、绿帘石等包裹体。碎屑颗粒呈棱角状,分选性极差。杂砂岩多产于构造运动活跃的沉积盆地复理石建造中。

集块岩　多为杂色,集块结构,块状构造或斑杂构造。由火山弹及熔岩碎块堆积而成,常混入一些火山通道的围岩碎屑,多呈棱角状,由细砾级角砾、岩屑、晶屑及火山灰充填、胶结。多分布于火山通道附近,构成火山锥,或充填于火山通道之中。

火山角砾岩 2～64mm 的火山角砾占 50% 以上。多为杂色,火山角砾结构,块状构造。主要由大小不等的熔岩角砾组成,分选性差,不具有层理,通常为火山灰所充填,并经压实胶结成岩,多分布在火山口附近。

凝灰岩 小于 2mm 的火山碎屑占 70% 以上。颜色常见淡紫色;凝灰结构(小于 2mm 的火山碎屑组成的结构),可见假流纹构造、层理构造等。碎屑成分有岩屑、晶屑和玻屑。

熔结凝灰岩 小于 2mm 的火山碎屑占 70% 以上。具熔结凝灰结构,假流纹构造。火山碎屑以晶屑和塑性玻屑为主,填隙物为火山尘。

实习九

内源沉积岩

参考PPT

一、目的与要求

(1)观察、描述内源沉积岩的常见岩石类型。
(2)学会鉴定常见的内源沉积岩。

二、实习用品

放大镜,小刀,三角板,铅笔,5%稀盐酸。

三、内容

(1)碳酸盐岩(内碎屑灰岩,生物碎屑灰岩,鲕粒灰岩,泥晶灰岩,瘤状灰岩,白云岩)。
(2)硅质岩(燧石岩,硅藻土)。
(3)蒸发岩(盐岩)。
(4)可燃有机岩(煤,油页岩)。

四、注意事项

(1)注意使用稀盐酸来判别$CaCO_3$含量的高低。
(2)注意灰岩与白云岩过渡类型和灰岩与灰泥岩过渡类型的成分变化、命名及鉴定特征。

五、作业

(1)观察与描述灰岩、白云岩、泥灰岩、竹叶状灰岩(砾屑灰岩的一种)、鲕状灰岩、生物碎屑灰岩、燧石岩、硅藻土标本。

（2）粒屑结构与碎屑结构有何共同之处？如何区分深灰色燧石岩和深灰色泥晶灰岩？

 **教学参考资料**

1. 碳酸盐岩类

碳酸盐岩指主要由碳酸盐矿物(>50%)组成的沉积岩。主要矿物成分是方解石、白云石、铁白云石、菱镁矿等，其次为石英、云母、长石和黏土矿物等；化学成分主要为 CaO、MgO 和 CO_2，其次为 SiO_2、TiO_2、FeO、Fe_2O_3、Al_2O_3、K_2O、Na_2O、H_2O 以及某些微量元素。通常为灰色、灰白色；性脆；具粒屑(如岩屑、生物碎屑等)、生物骨架(如珊瑚、层孔虫等)、晶粒(粗晶、中晶、细晶、微晶)和残余(残余生物、残余鲕状)结构。构造类型复杂多样，有叠层构造、鸟眼构造和缝合线构造等。多呈薄层—厚层状产出，有时也可呈块状产出(如在生物礁中)。

1) 颜色

碳酸盐岩的颜色与其矿物成分有一定的关系。灰岩以灰色为基本色调，白云岩以白色为主。灰岩一般随白云石含量的增加而颜色变浅；常因含黏土矿物(泥质)而略带黄色调；有机质常使灰岩颜色加深至黑灰色甚至黑色。

2) 结构

粒屑结构　类似于陆源碎屑岩的碎屑结构。描述内容应包括：①颗粒的类型(内碎屑、生物屑、包粒、球粒、团块)，其中砾屑、砂屑、豆屑、鲕粒较常见。应具体描述它的粒度、形态、含量等方面的特征。根据粒屑的类型可将粒屑结构细分为砾屑结构、鲕状结构、生物碎屑结构等类型。②填隙物，包括泥晶基质和亮晶胶结物。泥晶基质多为粉屑和泥屑，一般颜色较深，黯淡无光泽；亮晶胶结物多呈白色或浅灰色，重结晶后可见到方解石晶体及其解理面。最后描述胶结类型。

晶粒结构　由方解石或白云石晶体镶嵌而成的结构。可按晶粒粒径大小进一步划分为：巨晶(>4mm)、粗晶(4～0.5mm)、中晶(0.5～0.25mm)、细晶(0.25～0.05mm)、粉晶(0.05～0.01mm)、微晶(0.01～0.001mm)、隐晶(<0.001mm)。

生物骨架结构　由造礁生物的钙质骨架与充填在骨架间的碳酸盐细小晶粒构成。

3) 构造

具粒屑结构的碳酸盐岩中可见与陆源碎屑岩相同的各种构造，包括水平层理、平行层理、交错层理、粒序层理等，此外还有叠层构造、鸟眼构造等碳酸盐岩所特有的构造。

4) 成分

用稀盐酸可以鉴定碳酸盐岩矿物成分，从而确定碳酸盐岩类型。石灰岩—白云岩系列的反应强度大致分为4个等级：①强反应。迅速起泡，并发出嘶嘶声响，气泡大且消失迅速，后续气泡出现快。矿物成分以方解石为主，岩石类型为灰岩。②中等反应。起泡迅速，但无小水珠飞溅，大气泡消失后有小气泡产生。矿物成分以方解石和白云石为主，岩石类型为白云质灰岩。③弱反应。起泡较慢、较少，有的气泡可滞留在岩石上不动。岩石类型为灰质白云岩。④无反应。长时间都无气泡出现，但粉末有中等强度的反应或不反应。岩石类型为白云岩。

用稀盐酸检验的矿物成分是概略的，因为反应强度还与岩石的粒度、孔隙度、渗透性和温度有关，即粒度越细、孔隙度渗透性越好、温度越高,反应越剧烈。反应结束后,按照残留物的多少还可大致判断其中泥质成分的含量,可用白纸把它们擦拭下来观察。用稀盐酸检验矿物成分时,应在标本的不同部位进行,以便确定矿物成分分布是否均匀。滴酸后,如果反应明显沿一条细线进行,那么这条细线很可能就是一条微方解石脉,应换一个部位进行进一步的检测。

5)碳酸盐岩的分类及命名

石灰岩类　主要矿物为方解石(>50%),其次为白云石、菱镁矿、石英、长石和黏土矿物等。进一步详细分类如图 23 所示。常见岩石类型有内碎屑灰岩、生物碎屑灰岩、鲕粒灰岩、球粒灰岩、泥晶灰岩、石灰华和泉华等。

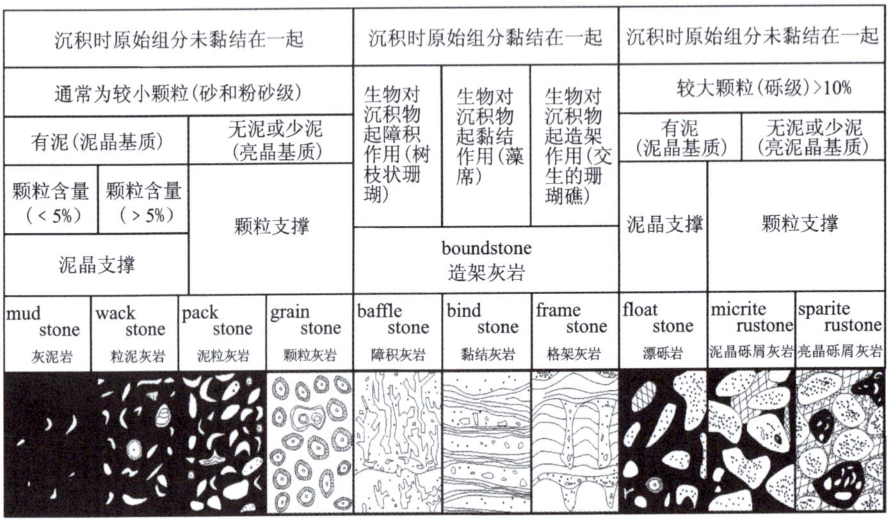

沉积时原始组分未黏结在一起				沉积时原始组分黏结在一起			沉积时原始组分未黏结在一起		
通常为较小颗粒(砂和粉砂级)				生物对沉积物起障积作用(树枝状珊瑚)	生物对沉积物起黏结作用(藻席)	生物对沉积物起造架作用(交生的珊瑚礁)	较大颗粒(砾级)>10%		
有泥(泥晶基质)		无泥或少泥(亮晶基质)					有泥(泥晶基质)	无泥或少泥(亮泥晶基质)	
颗粒含量(<5%)	颗粒含量(>5%)	颗粒支撑					泥晶支撑	颗粒支撑	
泥晶支撑				boundstone 造架灰岩					
mud stone 灰泥岩	wack stone 粒泥灰岩	pack stone 泥粒灰岩	grain stone 颗粒灰岩	baffle stone 障积灰岩	bind stone 黏结灰岩	frame stone 格架灰岩	float stone 漂砾岩	micrite rustone 泥晶砾屑灰岩	sparite rustone 亮晶砾屑灰岩

图 23　石灰岩分类方案

白云岩类　主要由白云石(>50%)组成,其次为方解石、菱镁矿、石英、长石、黏土矿物等。常见岩石类型有同生白云岩、碎屑白云岩、成岩白云岩和后生白云岩等。

6)常见岩石类型

内碎屑灰岩　是一种以内碎屑为主要组分的异化粒灰岩。按内碎屑的形状和大小,它可分为砾屑灰岩(及角砾状灰岩)、砂屑灰岩、粉屑灰岩等。它是水盆地中已固结的或弱固结的碳酸盐沉积物,遭受波浪、水流冲刷、破碎、磨蚀后再次沉积而成的具有碎屑结构的石灰岩。竹叶状灰岩便是一种典型的砾屑灰岩。

生物碎屑灰岩　是一种由破碎的生物贝壳被碳酸钙胶结而成的石灰岩。它多形成于水流或波浪作用强烈的地区或生物礁的侧翼。本类岩石中的生物一般具异地埋藏特征。

鲕粒灰岩　以鲕粒为主要颗粒的粒屑灰岩称鲕粒灰岩。鲕粒一般大小较均一。鲕粒灰岩中可发育交错层理、递变层理和波痕等构造。鲕粒间的填隙物可以是灰泥和亮晶,反映沉积环境的水动力强度和成岩后作用强度。

泥晶灰岩　又称灰泥岩、微晶灰岩等,是石灰岩主要类型之一。本类岩石几乎全由 0.001~0.004mm 的灰泥(泥晶)组成,仅含少量异化粒(<10%)。它在结构上相当于陆源黏土岩。常形成于低能环境,如潟湖、潮上带、浪基面以下的深水区。有些泥晶灰岩处在软泥阶段被生物扰动或遭受滑动变形,形成扰动泥晶灰岩。

瘤状(或结核状)灰岩　灰岩中具薄的波状层或薄的断续分布的透镜体,有的为较纯的灰岩结核。结核或透镜体常被波状或旋涡状的黏土杂基包裹。

实习九 内源沉积岩

白云岩　一般由均匀的白云石微晶组成,几乎不含生物化石,常混入石英、长石、方解石和黏土矿物。呈灰白色,性脆,硬度小,用铁器易划出擦痕。遇稀盐酸缓慢起泡或不起泡,外貌与石灰岩很相似。常具有干裂、鸟眼、膏盐假晶等构造。一般形成于盐度高的潮上带、潮间带或内陆盐湖等环境。按成因可分为原生白云岩、成岩白云岩和后生白云岩;按结构可分为结晶白云岩、残余异化粒子白云岩、碎屑白云岩、微晶白云岩等。

2. 硅质岩

燧石岩　致密坚硬,多呈灰色、灰褐色、黑色等,具有贝壳状断口。根据存在状态,它可分为两种类型:①层状燧石。多与含磷和含锰的黏土层共生,分层存在,单层厚度不大,但总厚度可达几百米,有块状和鲕状的区别。②结核状燧石。常见于石灰岩中,有球状、棒状、盘状、葫芦状、断续条带状、不规则状等,一般只有 $5\sim15cm$,大的可达 $1\sim2m$。燧石由于质地坚硬,破碎后会产生锋利的断口,石器时代的绝大部分石器都是用燧石打击制造的;燧石和铁器击打会产生火花,所以也被古代人用作取火工具。利用燧石的坚硬性质,在现代常将燧石作为研磨的原料。

硅藻土　化学成分主要是 SiO_2,含有少量的 Al_2O_3、Fe_2O_3、CaO、MgO、K_2O、Na_2O、P_2O_5 和有机质。矿物成分主要是蛋白石(非晶体)及其变种,其次是黏土矿物——水云母、高岭石和矿物碎屑。SiO_2 含量通常占 80% 以上,最高可达 94%。优质硅藻土的氧化铁含量一般为 $1\%\sim1.5\%$,氧化铝含量为 $3\%\sim6\%$。硅藻土一般由硅藻类的硅酸盐遗骸形成。颜色多为白色、灰白色、灰色和浅灰褐色等,细腻、松散、质轻、多孔,且有吸水性和渗透性强的性质。工业上常用作保温材料、过滤材料、填料、研磨材料、水玻璃原料、脱色剂及硅藻土助滤剂等。其矿床主要分布在中国、美国、丹麦、法国、罗马尼亚等国。

3. 蒸发岩

盐岩　一种纯化学成因的岩石,由蒸发海水或湖泊作用沉淀而成。主要由钾、钠、钙、镁的卤化物及硫酸盐矿物组成。常见的矿物成分有石膏、硬石膏、石盐、钾盐、光卤石等,也可混入一些黏土矿物和有机质。盐岩纯者无色,因混入物可呈现黑、灰、褐、蓝等色。一般为粗粒结构,块状构造。与共生的石膏、硬石膏互层。在较低的温度和压力条件下,盐岩即可表现一定的流动性,造成埋于较深地层中的盐岩穿刺,形成盐丘。盐岩层可作为良好的油气盖层。

4. 可燃有机岩

煤　一种固体可燃有机岩,主要由碳、氢、氧、氮、硫和磷等元素组成,碳、氢、氧三者总和约占有机质的 95% 以上,主要分褐煤、烟煤、无烟煤3类。碳是煤中最重要的组分,其含量随煤化程度的加深而增高。泥炭中的碳含量为 $50\%\sim60\%$,褐煤为 $60\%\sim70\%$,烟煤为 $74\%\sim92\%$,无烟煤为 $90\%\sim98\%$。煤中的硫是最有害的化学成分。煤燃烧时,其中的硫会生成 SO_2,腐蚀金属设备,污染环境。在整个地质年代中,全球范围内有三大成煤期:①古生代的石炭纪和二叠纪,成煤植物主要是孢子植物,主要煤种为烟煤和无烟煤;②中生代的侏罗纪和白垩纪,成煤植物主要是裸子植物,主要煤种为褐煤和烟煤;③新生代的古近纪,成煤植物主要是被子植物,主要煤种为褐煤,其次为泥炭,也有部分年轻烟煤。煤是重要能源,也是冶金、化学工业的重要原料。主要用于燃烧、炼焦、气化、低温干馏、加氢液化等。煤在各大陆、大洋岛屿都有分布,但在全球的分布不均衡,在各个国家的储量也不相同。中国、美国、俄罗斯、德国是煤炭储量丰富的国家,其中中国是世界上煤产量最高的国家。中国的煤炭资源量在世界居于前列,仅次于美国和俄罗斯。

油页岩　又称油母页岩,是一种高灰分的含可燃有机质的沉积岩。它和煤的主要区别是灰分超过 40%,

与碳质页岩的主要区别是含油率大于3.5%。它是在内陆湖泊或滨海潟湖深水还原条件下,由低等植物和矿物质形成的一种腐泥物质。油页岩原始有机物质主要来源于水藻等低等浮游生物,其中以蓝藻、绿藻、黄藻最为重要。油页岩属于非常规油气资源,以资源丰富和开发利用的可行性而被列为21世纪非常重要的接替能源。它与石油、天然气、煤一样都是不可再生的化石能源。油页岩资源丰富,意义重大。世界油页岩资源主要分布于美国、俄罗斯、中国、爱沙尼亚等地。

实习十 岩浆岩的结构与构造

参考PPT

一、目的与要求

(1)认识岩浆岩的结构与构造特点。
(2)学会岩浆岩的手标本描述方法与步骤。

二、实习用品

放大镜,小刀,三角板,铅笔。

三、内容

1. 岩浆岩的结构

斑状结构,似斑状结构,粒状结构。

2. 岩浆岩的构造

块状构造,斑杂构造,带状构造,气孔构造,杏仁构造。

四、注意事项

(1)注意斑状结构与似斑状结构的区别,前者基质为隐晶质,后者多为细—中粒。
(2)深成岩多为显晶结构,块状构造;浅成岩多为斑状结构、细粒结构,块状或斑杂构造;喷出岩多为斑状结构、无斑隐晶质结构,气孔构造、杏仁构造或流动构造。

五、作业

描述具有斑状结构、似斑状结构、粒状结构和块状构造、斑杂构造、气孔构造、杏仁构造等的标本。

教学参考资料

1. 岩浆岩的结构

岩浆岩结构是指组成岩石的矿物的结晶程度、颗粒大小、晶体形态、自形程度以及颗粒之间的相互关系（表18）。

表18 岩浆岩的结构划分表

矿物结晶程度	矿物颗粒大小		矿物自形程度	矿物颗粒之间相互关系
	绝对大小	相对大小		
全晶质结构 半晶质结构 玻璃质结构	伟晶结构：$d>10$mm 粗粒结构：$d=5\sim10$mm 中粒结构：$d=2\sim5$mm 细粒结构：$d=0.2\sim2$mm 隐晶质结构：$d<0.2$mm	等粒结构 不等粒结构 斑状结构 似斑状结构	自形粒状结构 半自形粒状结构 他形粒状结构	反应边结构 条纹结构 文象结构 蠕虫结构 环带结构 包含结构 填间结构

根据矿物的结晶程度不同，岩浆岩的结构分为：全晶质结构（由已结晶的矿物组成）、半晶质结构（由部分结晶质和部分非晶质组成）、玻璃质结构（由非晶质物质组成）（图24）。

 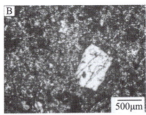 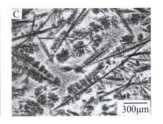

A. 全晶质结构（＋）；B. 半晶质结构（－）；C. 玻璃质结构（－）。

图24 岩浆岩按矿物结晶程度的结构分类（显微照片）

全晶质结构根据颗粒的大小可进一步细分为：伟晶结构（＞10mm）、粗粒结构（5～10mm）、中粒结构（2～5mm）、细粒结构（0.2～2mm）、隐晶质结构〔＜0.2mm，进一步细分为微晶（粒）结构和显微隐晶质结构，微晶（粒）结构在肉眼（放大镜下）观察已不易分辨颗粒边界；显微隐晶质结构在显微镜下也不容易分清颗粒边界〕；根据矿物颗粒的相对大小可进一步细分为等粒结构（岩石中同种矿物颗粒大致相等）、不等粒结构（岩石中同种矿物颗粒大小不等)、斑状结构(组成岩石的矿物明显可分为大小截然不同的两群颗粒,大者称斑晶,小者称基质,基质多为隐晶质或玻璃质,中间不存在过渡颗粒,如花岗斑岩,斑晶为钾长石或石英,基质为隐晶质)、似斑状结构〔基质为显晶质,多为细粒,如周口店的似斑状花岗闪长岩(斑晶为钾长石和斜长石,基质为细粒钾长石、斜长石、石英和角闪石)。

根据矿物颗粒之间相互关系,岩浆岩结构又可分为反应边结构、条纹结构、文象结构、蠕虫结构、环带结构、包含结构和填间结构等。

2. 岩浆岩的构造

岩浆岩的构造是指岩石中不同矿物集合体之间或集合体与其他组成部分之间的排列、充填方式等关系。

块状构造　岩石各部分在矿物成分和结构上都是均匀的,这是深成侵入岩最常见的构造,如花岗岩、花岗闪长岩、闪长岩、橄榄岩等。

斑杂构造　岩石中不同部位在矿物成分或结构上均有差异,如一些地方暗色矿物相对集中,而另一些地方浅色矿物相对集中。

带状构造　暗色矿物与浅色矿物相对集中呈交替带状分布,这种构造在基性侵入岩(辉长岩)中常见。

上述几种构造主要为侵入岩常见构造,喷出岩常见有流纹构造、气孔构造和杏仁构造等(表19)。

表19　岩浆岩的主要构造类型

常见的侵入岩构造	常见的喷出岩构造
块状构造	气孔构造
带状构造	杏仁构造
斑杂构造	枕状构造
球状构造	绳状构造
晶洞构造	流纹构造
流动构造	假流纹构造
	柱状节理
	珍珠构造

3. 岩浆岩的描述步骤与描述方法

描述步骤　颜色;结构与构造;矿物成分;岩石命名。

描述方法　各部分应作详细描述,如中粒黑云母二长花岗岩的各部分描述如下:

深灰色。自形中粒结构,块状构造。石英,粒状,粒径2~4.5mm,含量约25%;钾长石,半自形板状,粒径3.5~4.5mm,含量约35%;斜长石,半自形厚板状,粒径2~3mm,含量约25%;黑云母,片状,粒径1~2mm,含量约10%。岩石命名为深灰色中粒黑云母二长花岗岩。

实习十一

超基性岩类、基性岩类及脉岩

参考PPT

一、目的与要求

(1)了解岩浆岩的分类方案,分析超基性—基性岩化学成分及矿物成分特征。
(2)观察并描述超基性岩—基性岩岩石标本,学会鉴定几种常见的超基性—基性岩。
(3)观察并描述几种常见的脉岩。

二、实习用品

放大镜,小刀,三角板,铅笔。

三、内容

(1)超基性岩(橄榄岩,纯橄岩,苦橄岩,辉石岩,金伯利岩,科马提岩)。
(2)基性岩(辉长岩,辉绿岩,玄武岩)。
(3)脉岩(煌斑岩,细晶岩,伟晶岩)。

四、注意事项

(1)橄榄石易于蛇纹石化。蛇纹石多呈绿色,隐晶致密状,手摸有滑感。橄榄岩、金伯利岩常具蛇纹石化特征。
(2)辉石易蚀变为阳起石或透闪石,而斜长石易蚀变为绿帘石或高岭石。

五、作业

（1）描述橄榄岩、辉石岩、金伯利岩、辉长岩、辉绿岩、玄武岩等标本。
（2）描述伟晶岩、细晶岩、煌斑岩标本。
（3）如何区分辉长岩和辉绿岩？辉长岩和辉石岩有何不同？

教学参考资料

1. 岩浆岩的分类

岩浆岩一般根据化学成分、矿物成分、结构构造及产状等因素进行分类（表20）。

表20　岩浆岩分类表

分类依据		岩类			
		超基性岩	基性岩	中性岩	酸性岩
碱度		钙碱性	钙碱性	钙碱性	碱性	钙碱性
SiO_2含量		<45%	45%～52%	52%～63%		>63%
石英含量		无	无或很少	5%～20%	无	>20%
长石种类及含量		无或很少	以斜长石为主	以斜长石为主	以斜长石为主	钾长石含量高于斜长石含量
暗色矿物及含量		橄榄石、辉石，暗色矿物含量>90%	以辉石为主，角闪石、橄榄石、黑云母次之，暗色矿物含量30%～90%	以角闪石为主，黑云母、橄榄石次之，暗色矿物含量15%～40%	碱性辉石和碱性角闪石，暗色矿物含量<40%	以黑云母为主，角闪石次之，暗色矿物含量一般在10%～15%之间
产状	深成岩	中粗粒结构或似斑状结构	橄榄岩、辉石岩	辉长岩	闪长岩	正长岩	花岗岩
	浅成岩	细粒结构或斑状结构	金伯利岩、苦橄玢岩	辉绿岩	闪长玢岩	正长斑岩	花岗斑岩
	喷出岩	无斑隐晶质结构、玻璃质结构	苦橄岩、科马提岩	玄武岩	安山岩	粗面岩	流纹岩

1) 按化学成分分类

岩浆岩根据SiO_2的含量一般分为四大类：超基性岩类、基性岩类、中性岩类和酸性岩类（表20）。每一类又根据碱度分为钙碱性系列（$\sigma<3.3$）、碱性系列（$\sigma=3.3\sim9.0$）和过碱性系列（$\sigma>9$）。

2）按矿物成分分类

矿物成分及含量是岩浆岩分类命名的基础。矿物成分主要包括石英含量、暗色矿物种类及含量、长石的种类及含量，以及似长石（也称副长石，包括霞石、白榴石、方柱石和钙霞石等）的有无及含量。超基性岩以不含石英、基本上不含长石和富含大量暗色矿物为特征；酸性岩类以含石英和贫暗色矿物为特征；基性岩及中性岩类以其所含长石类型及暗色矿物种类加以区别。钙碱性系列岩石以不含似长石为特征，碱性岩以含似长石为特征。

3）按产状、结构构造分类

岩浆岩的产状是决定岩浆岩结构的重要因素。即使岩石的化学成分、矿物成分相同，如果产状不同，岩石的结构与构造也不同。按产状、结构构造的不同，岩浆岩可进一步划分为深成岩、浅成岩和喷出岩。

2. 超基性岩类

常见超基性侵入岩有橄榄岩（类）、辉石岩（类），浅成岩有金伯利岩、苦橄玢岩，喷出岩有苦橄岩和科马提岩。

1）深成侵入岩

深成侵入岩按其矿物成分不同可分为4种常见类型：橄榄岩类（主要由橄榄石组成）、辉石岩类（主要由辉石组成）、角闪石岩类（主要由角闪石组成）和黑云母岩类（主要由黑云母组成）。

橄榄岩 超基性深成侵入岩的代表性岩石。肉眼观察这类岩石多呈黑色、暗色或深色，中或粗粒结构，多为块状构造，有时可见带状构造和流动构造。主要矿物成分是橄榄石和辉石；次要矿物成分为角闪石、黑云母，偶见基性斜长石；副矿物常见磁铁矿、钛铁矿、铬铁矿、磷灰石和尖晶石等。地表新鲜的橄榄岩很少见到，多数已遭受蚀变，可变深色或绿色，隐晶、致密、具滑感和油脂光泽的蛇纹岩（主要由蛇纹石组成的块状变质岩）。

纯橄岩 深绿色、褐绿色；中—粗粒结构，块状构造；主要矿物成分为橄榄石（$93\%\sim96\%$），含少量斜方辉石（$3\%\sim6\%$）及尖晶石，斜方辉石大多蚀变为绢石（具斜方辉石假象的蛇纹石）。大多数纯橄岩易蚀变，新鲜者极少，蚀变后常成为蛇纹石，常与橄榄岩、辉石岩、辉长岩等形成杂岩体。

辉石岩 黑色；常见中—粗粒结构，块状构造；矿物成分几乎全部由辉石组成（$>90\%$），可含有橄榄石、角闪石等。根据辉石种类可进一步划分为方辉岩、透辉岩和二辉岩等。

2）浅成侵入岩

金伯利岩是超基性浅成侵入岩类的代表性岩石。颜色灰色、黑色或略带深绿色；常见细粒结构、斑状结构，斑晶为橄榄石，但含量较少，也有无斑隐晶质结构，一般为块状构造、角砾状构造，致密坚硬；矿物成分主要为橄榄石、镁铝榴石、金云母、铬铁矿等。

3）喷出岩

超基性喷出岩主要为苦橄岩和科马提岩，但地表极为少见。

苦橄岩 矿物成分以橄榄石、辉石为主，不含或含少量的基性斜长石、普通角闪石；副矿物为钛铁矿、磁铁矿和磷灰石等。岩石呈暗绿色至黑色；具细粒结构或斑状结构，斑晶为橄榄石。苦橄岩的"苦"字从日文转译而来，是富含"镁"的意思。一般将成分与辉橄岩相当的喷出岩称为苦橄岩，而成分与纯橄榄岩相当的喷出岩称为麦美奇岩（meimechite）。

科马提岩 一种含镁很高的超铁质火山岩，因最早发现于南非的科马提河流域而得名。这种岩石常与拉斑玄武岩呈互层状产于太古宙绿岩带中。主要矿物成分为含镁较高的橄榄石、富铝单斜辉石、铬尖晶石、钛铁矿和磁铁矿。科马提岩的一个重要特征是其中的橄榄石和单斜辉石呈针状骸晶，平行排列成簇，形成特殊的鬣刺结构（图25）。

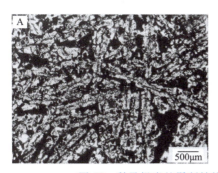
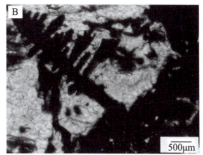

图 25　科马提岩的鬣刺结构（显微照片，单偏光，西藏）

3. 基性岩类

基性岩的深成侵入岩代表岩石为辉长石，浅成岩代表岩石为辉绿岩，喷出岩代表岩石为玄武岩。

1) 深成侵入岩

基性深成侵入岩代表岩石为辉长岩。辉长岩类岩石呈黑色、灰黑色或略带红的深灰色。一般为中—粗粒半自形粒状结构（辉长结构），块状构造或条带状构造。条带由含辉石较多的深色条带和含斜长石较多的浅色条带相间而成。辉长岩中的主要矿物成分是斜长石和辉石；次要矿物为橄榄石、角闪石和黑云母，有时也含正长石和少量石英。副矿物常有磁铁矿、钛铁矿、磷灰石和尖晶石。辉石多为半自形黑色短柱状，斜长石多为板状半自形晶体，新鲜的斜长石易见聚片双晶。辉石和斜长石可蚀变为其他矿物，如辉石易蚀变为阳起石、透闪石；斜长石易蚀变为绿帘石或高岭石化，蚀变后辉石颜色变浅，斜长石多呈淡黄绿色。辉长岩一般呈规模较小的侵入体，往往与超基性岩及闪长岩等共生。

辉长岩类可按其中铁镁矿物和硅铝矿物的含量不同划分为下列种属：

暗色辉长岩　铁镁暗色矿物含量 65%～90%。

辉长岩　铁镁暗色矿物（以辉石为主）含量在 35%～65% 之间，硅铝浅色矿物（以基性斜长石为主）含量也在 35%～65% 之间，典型辉长岩中辉石和长石的含量比接近于 58∶42（图 26A）。

浅色辉长岩　铁镁暗色矿物含量仅有 10%～35%，而硅铝浅色矿物含量在 65%～90% 之间。

斜长岩　铁镁暗色矿物含量小于 10%，而硅铝浅色矿物含量大于 90%。这类岩石不多见，常与辉长岩共生。一般认为斜长岩是由相当于辉长岩的熔浆分异产生的，但也有人认为是由地壳深部或上地幔的深熔作用形成的。

2) 浅成侵入岩

基性浅成侵入岩代表岩石是辉绿岩（图 26B）：深灰色、灰黑色；辉绿结构（由较自形的斜长石和他形粒状的辉石组成的结构，辉石呈他形粒状充填于杂乱交错的长条状斜长石所构成的近三角形空隙中），常呈岩脉、岩墙产出。主要由辉石和基性斜长石组成，含少量橄榄石、黑云母、石英、磷灰石、磁铁矿、钛铁矿等。基性斜长石常蚀变为钠长石、黝帘石、绿帘石和高岭石；辉石常蚀变为绿泥石、角闪石和碳酸盐类矿物。

3) 喷出岩

基性喷出岩代表岩石是玄武岩。玄武岩一般为黑色、绿灰色以及暗紫色等；多具斑状结构和无斑隐晶质结构，气孔构造及杏仁构造。在海底喷发的玄武岩常具有特殊的枕状构造，有的层状玄武岩还发育柱状节理，形成规则的六边形柱体，柱体垂直于熔岩层。

玄武岩也有玻璃质和半晶质结构。在斑状结构中，常见的斑晶矿物为橄榄石、斜长石和辉石，其中橄榄

 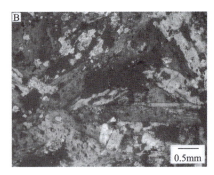

图 26　辉长岩(A)和辉绿岩(B)显微照片(正交偏光)

石易变为褐红色的伊丁石。大多数玄武岩的基质都是隐晶质的,肉眼一般分辨不出其矿物成分。

玄武岩可根据其所含斑晶矿物成分和玄武岩的化学成分划分种属:

橄榄玄武岩　斑晶成分主要为橄榄石。若橄榄石已变为伊丁石,则称伊丁玄武岩。

辉石玄武岩　斑晶主要成分为辉石的玄武岩。

斜长玄武岩　斑晶主要成分为斜长石的玄武岩。

4. 脉岩

常见脉岩有煌斑岩、细晶岩和伟晶岩。煌斑岩又称暗色岩脉,细晶岩和伟晶岩又称浅色岩脉。

煌斑岩　主要由暗色矿物组成,黑云母、角闪石含量最高,其次为辉石和橄榄石。暗色矿物自形程度往往较好,一般为粒状结构或斑状结构。以黑云母为主的脉岩称云母煌斑岩,以角闪石为主的称角闪煌斑岩,以此类推。

细晶岩　因浅色矿物颗粒很细而得名。浅色矿物主要为石英、钾长石和斜长石,其矿物颗粒细小(<2mm)且均匀,外貌似细粒白砂糖。

伟晶岩　因矿物颗粒粗大(伟晶)而得名,粒径多在1cm以上,最常见有花岗伟晶岩,主要矿物为钾长石(呈肉红色)和石英(呈乳白色或灰白色)。有时石英呈蠕虫状而与钾长石构成文象结构。

实习十二 中性岩类、酸性岩类

参考PPT

一、目的与要求

(1)观察并描述中性岩、酸性岩的主要岩石类型。
(2)学会鉴定几种常见的中性岩和酸性岩。

二、实习用品

放大镜,小刀,三角板,铅笔。

三、内容

(1)中性钙碱性岩(闪长岩,闪长玢岩,安山岩)。
(2)中性碱性岩(正长岩,正长斑岩,粗面岩)。
(3)酸性岩(花岗岩,花岗斑岩,流纹岩,黑曜岩)。

四、注意事项

(1)闪长玢岩斑晶多为斜长石,正长斑岩斑晶多为钾长石。
(2)新鲜安山岩多呈灰绿色,玄武岩多呈黑灰色。前者斑晶为角闪石和斜长石,后者斑晶为橄榄石或辉石。一般所见安山岩为红褐色,这种颜色多是风化颜色。
(3)钾长石易于蚀变成白色高岭石,而斜长石易于蚀变成绿色绿帘石。
(4)只有石英在浅色矿物中的含量高于20%的酸性岩才是花岗岩类。一般来说,花岗岩中的钾长石含量高于斜长石含量。

五、作业

(1)描述闪长岩、闪长玢岩、安山岩、正长岩、正长斑岩、粗面岩等标本。
(2)描述花岗岩、花岗闪长岩、二长花岗岩、花岗斑岩、流纹岩等标本。
(3)如何区分闪长玢岩和正长斑岩？闪长岩和正长岩在矿物成分上有何不同？
(4)花岗岩和花岗闪长岩的根本区别是什么？

教学参考资料

1. 中性岩

中性岩有钙碱性系列岩石和碱性系列岩石。常见钙碱性系列的深成侵入岩为闪长岩，浅成岩为闪长玢岩，喷出岩为安山岩。常见碱性系列的深成侵入岩为正长岩，浅成岩为正长斑岩，喷出岩为粗面岩。

1)钙碱性系列

闪长岩 灰色、灰黑色或浅绿色。半自形粒状结构，块状构造或条带状构造。主要矿物成分为中性斜长石、角闪石，次要矿物为黑云母、辉石。岩石中可含少量石英和钾长石，石英含量小于20%，钾长石含量小于10%。根据石英含量和暗色矿物种类，闪长岩(类)又可分为闪长岩、石英闪长岩、辉石闪长岩等。

闪长玢岩 灰色、灰白色。斑状结构或似斑状结构，块状构造、条带状构造。主要矿物成分为中性斜长石、角闪石，次要矿物为黑云母、辉石。斑状结构的斑晶多为角闪石或斜长石。

安山岩 新鲜岩石呈灰色，风化后为红褐色。常具斑状结构(也有无斑隐晶质结构)、气孔构造、杏仁构造，也有块状构造。斑晶主要为角闪石或斜长石，偶见黑云母；基质为隐晶质。在显微镜下可见主要矿物为中性斜长石、角闪石，次要矿物为黑云母、辉石。

2)碱性系列

正长岩 常呈浅灰、浅肉红、浅灰红等色。多为中粗粒结构，也有似斑状结构，常见块状构造，偶见斑杂构造。主要矿物有钾长石和斜长石，次要矿物有角闪石、黑云母、辉石，不含或含极少量的石英。暗色矿物含量一般在20%~30%之间。根据所含次要矿物种类的不同，可以进一步命名，如暗色矿物以角闪石为主可命名为角闪正长岩，暗色矿物以辉石为主可命名为辉石正长岩，暗色矿物以黑云母为主可命名为黑云母正长岩。

正长斑岩 成分相当于正长岩。肉红色。斑状结构，块状构造。斑晶主要是钾长石，其次为角闪石、黑云母、辉石，斑晶自形程度一般较好；基质为隐晶质或细粒。在显微镜下可见主要矿物成分为钾长石，可含石英、角闪石、黑云母等次要矿物。若斑晶中含有一定量的石英(>5%)，则称为石英正长斑岩。这类岩石常以小岩体或在深成侵入岩体的边部产出。

粗面岩 成分相当于正长岩。浅灰色、浅黄色或粉红色。斑状结构、粗面状结构、球粒状结构，块状构造、流纹状构造、气孔状构造。通常分为钙碱性粗面岩和碱性粗面岩两种类型。钙碱性粗面岩主要由碱性长石、斜长石和少量暗色矿物组成。碱性长石以透长石为主，次为歪长石，暗色矿物主要为黑云母，含少量角闪石和辉石。可进一步分为以含钾长石为主的钾质粗面岩和以含钠长石为主的钠质粗面岩等。

2. 酸性岩

酸性岩种类繁多，分布广泛。常见深成侵入岩有花岗岩、花岗闪长岩、二长花岗岩等。浅成岩代表岩石为花岗斑岩,喷出岩代表岩石为流纹岩(或黑曜岩)。

花岗岩 灰白色、浅红色等。粗—细粒结构或似斑状结构,块状构造。主要矿物成分为钾长石、石英和斜长石,石英在浅色矿物中含量大于20%,暗色矿物主要为黑云母和角闪石。

花岗岩种类繁多,一般采用石英(Q)、钾长石(A)和斜长石(P)的含量三角投图法命名(图27)。石英含量在Q点为100%,在AP线上为0(在AP线上,以A+P为100%)。如某岩石中暗色矿物为15%,石英为35%,钾长石和斜长石分别为25%,先将Q+P+A=85%换算为100%,找到Q在2~5的区间,再将A+P=50%换算为100%,所以该岩石投在3b区间,属二长花岗岩。

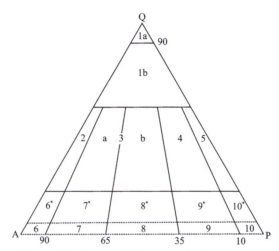

1a.石英石岩;1b.富石英花岗岩;2.碱长花岗岩(钠长石花岗岩,微斜长石花岗岩);
3a.钾长花岗岩(或普通花岗岩),3b.二长花岗岩;4.花岗闪长岩;
5.英云闪长岩(斜长花岗岩 M=0~10);A.钾长石;P.斜长石;
Q.石英(6*~10*、6~10非酸性岩,此处不作说明)。

图27 酸性侵入岩分类图

在实际工作中,仅根据三角形投图确定岩石的名称是不够的,一般还要根据岩石中的次要矿物进行进一步的命名,如黑云母花岗岩、黑云母角闪石花岗岩。需要注意的是,在一般情况下,只有当次要矿物的含量大于5%时,才参与命名。

花岗斑岩 其矿物成分与花岗岩的相同。灰白色或浅肉红色。斑状结构,块状构造。斑晶主要为钾长石和石英,偶见黑云母和角闪石,含量一般为15%~20%,斑晶通常被基质熔蚀。基质多为隐晶质(微花岗结构)。花岗斑岩通常以小岩株、岩瘤、岩盘、岩墙产出,或作为同期晚阶段的侵入体穿插于大的花岗岩岩体中。

流纹岩 灰白色或浅粉红色。斑状结构或无斑隐晶质结构,常见流纹构造或块状构造。斑晶常为石英、碱性长石,有时见少量斜长石;基质一般为致密的隐晶质或玻璃质。产状多为岩丘。脱玻化明显的流纹岩称为流纹斑岩。

黑曜岩 深褐色、黑色。玻璃质结构,流纹构造(各种颜色的玻璃质或隐晶质构成细纹层,并具流动特点)、气孔构造或杏仁构造及块状构造。主要矿物成分为钾长石、石英、斜长石、黑云母,颗粒细小,肉眼常无法分辨。

实习十三

区域变质岩类和混合岩类

参考PPT

一、目的与要求

(1) 了解和掌握变质岩的结构特征与构造特征。
(2) 掌握常见区域变质岩和混合岩的主要特征。
(3) 描述和鉴定常见的区域变质岩、混合岩。

二、实习用品

放大镜,小刀,三角板,铅笔。

三、内容

(1) 区域变质岩类(板岩,千枚岩,片岩,片麻岩,角闪岩,石英岩)。
(2) 混合岩类[条带状混合岩,片麻状混合岩,混合花岗岩(有将其归入区域变质岩类的观点)]。

四、注意事项

(1) 变质岩描述内容:颜色;结构与构造;主要矿物成分;变质类型;分类及命名。
(2) 板岩与千枚岩的区别:板岩具板状构造,新生变质矿物很少,岩石中矿物很少发生变晶和重结晶作用;千枚岩具千枚状构造,岩石已经全部发生变晶作用和重结晶作用,形成大量新生变质矿物,千枚岩具较强的丝绢光泽。
(3) 片岩与片麻岩的区别:片岩具片状构造,片状矿物含量大于30%,常见红柱石、蓝闪石、阳起石、蓝晶石、绿泥石等中—低温特征变质矿物;片麻岩具有片麻状构造,片状矿物含量小于30%,石英+长石含量大于50%,矿物颗粒较粗。

五、作业

(1) 观察和描述下列岩石标本：板岩、千枚岩、片岩、片麻岩、角闪岩、石英岩、条带状混合岩、片麻状混合岩、混合花岗岩。

(2) 区域变质岩由浅变质至深变质的代表性岩石有哪些？

(3) 石英岩与石英砂岩有何不同？

教学参考资料

1. 变质岩的结构

根据变质成因的不同，变质岩的结构可划分为变余结构、变晶结构、碎裂结构、交代结构。

1) 变余结构

在一些情况下，特别是在低级变质岩中，由于重结晶作用和变质反应不彻底，变质岩往往可保留原岩结构特点，这称为残余结构或变余结构。变余结构的命名是在原岩结构之前加"变余"二字，如变余砂状结构、变余斑状结构等。

2) 变晶结构

由变质结晶产生的变质矿物叫作变晶，变晶的形状、大小、相互关系反映的结构统称为变晶结构，这是变质岩中最普遍的结构类型。变晶结构根据不同的划分原则包括如下几种。

(1) 按变晶的自形程度划分。

全自形变晶结构　组成岩石的绝大部分变晶矿物颗粒是自形晶。由于变质岩是在固态条件下发育形成的，每个晶粒都受到外界阻力和晶体本身成面能力的限制。此结构并不多见。

半自形变晶结构　岩石主要由半自形晶粒组成，或者岩石中不同矿物的自形程度有较明显的差异，某种矿物晶形发育较完好，其他矿物的晶形发育较差。

他形变晶结构　组成岩石的各种矿物基本上都不呈各自应有的晶形，而是呈他形变晶镶嵌在一起，如某些大理岩、石英岩的结构等。

(2) 按矿物粒度的绝对大小划分。

粗粒变晶结构　矿物粒径大于3mm。

中粒变晶结构　矿物粒径1~3mm。

细粒变晶结构　矿物粒径0.1~1mm。

显微变晶结构　矿物粒径小于0.1mm，用肉眼和放大镜都不能分辨出矿物颗粒，只在显微镜下才能分辨。

(3) 按矿物粒度的相对大小划分。

等粒变晶结构　组成岩石的主要矿物颗粒大小基本相等，一般不具定向排列（图28A）。常见的变粒岩、石英岩、大理岩等常具此种变晶结构。

不等粒变晶结构　岩石中主要矿物颗粒大小不等，但粒度呈连续变化（图28B）。某些矽卡岩常具此种结构。

斑状变晶结构　与岩浆岩的斑状结构相似，只是成因不同。它的特点是，在粒度较细的矿物集合体中,分布着较大的矿物晶体,二者粒度相差悬殊(图28C)。较细小的矿物集合体称为基质,较大的矿物晶体称为变斑晶。变斑晶一般是那些结晶力较强的矿物,如石榴子石、十字石、红柱石等。基质可以是各种结构,如基质为鳞片变晶结构的斑状变晶结构。

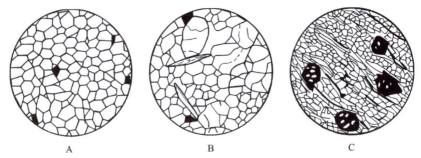

A,B.变质橄榄岩(橄榄石岩);C.石榴石黑云母斜长石白云母石英片岩。

图28 等粒变晶结构(A)、不等粒变晶结构(B)和斑状变晶结构(C)

(4)按变晶矿物的结晶习性和形态划分。

粒状变晶结构 岩石主要由一些粒状矿物(长石、石英、方解石等)组成。石英岩、大理岩、变粒岩等常具此种结构。

鳞片变晶结构 岩石主要由云母、绿泥石、滑石等片状矿物组成,这些矿物一般呈定向排列。千枚岩、云母片岩常具这种结构。

纤状变晶结构 岩石主要由柱状、针状或纤维状矿物组成,如阳起石、透闪石、夕线石、硅灰石等。它们常成平行排列或束状集合体,多见于角闪岩、绿片岩中。

3) 交代结构

交代结构是由交代作用形成的结构,主要出现在混合岩及各种交代蚀变岩中。它的特点是岩石中原有矿物的溶解、消失和新矿物的产生是同时进行的,既可置换原有矿物而形成假象矿物,也可以交代重结晶的方式形成新矿物。

4) 变形结构

在地下深处的岩石处于塑性状态,在应力作用下可以发生形变及重结晶,而脆性岩石在所受定向压力超过弹性限度时,岩石本身及组成矿物就会发生碎裂、移动、磨损而形成各种变形及碎裂结构。由于这类结构的主要起因是动力作用,故又称为动力变质结构。代表性的动力变质结构有:

碎裂结构 岩石和矿物颗粒发生裂隙、裂开,并在颗粒的接触处和裂开处被破碎成许多小碎粒,因而矿物颗粒的外形都呈不规则的棱角状、锯齿状,粒间则为粒化作用形成的细小碎粒和碎粉,但破碎的颗粒一般位移不大(图29A)。

糜棱结构 是在地壳较深的部位,基本上处在塑性状态下,岩石以显微碎裂颗粒化、蠕变、颗粒边界滑动、重结晶等作用形成的一种具糜棱面理的定向结构(图29B)。

2. 变质岩的构造

变质岩构造按成因分为变余构造和变质构造两大类。

1) 变余构造

变余构造是因变质作用不彻底而保存的原岩构造,又称为残余构造,多见于低级变质岩中,如变余层理构造、变余杏仁构造、变余流纹构造等。

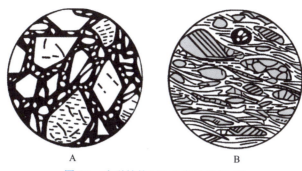

图29　碎裂结构(A)和糜棱结构(B)

2) 变质构造

变质构造是指变质作用过程中(主要是变质结晶和重结晶)形成的构造,常见的类型有:

斑点状构造　这是接触变质初期形成的斑点板岩特有的一种构造。其特点是岩石中分布一些形状不一、大小不等的斑点。这些斑点肉眼基本不能辨别出其矿物成分,在显微镜下可见斑点为碳质、铁质或新生的红柱石、堇青石、云母等的雏晶集合体。

板状构造　又称为板劈理,是重结晶程度很低(隐晶质)的低级变质岩典型的面理形式。密集的间隔平面(劈理面)显示,沿着劈理面,岩石容易裂开呈平整、光滑但光泽暗淡的板片。

千枚状构造　面理由细小的(粒径大多小于0.1mm)片状硅酸盐定向排列而成,重结晶程度比板状构造的高,但肉眼仍难以识别矿物颗粒。岩石易沿面理裂开,劈开面不如板劈理面平整,但有强烈丝绢光泽(绢云母、绿泥石等片状硅酸盐矿物造成)。

片状构造　面理由肉眼可识别的(粒径＞0.1mm)的片状、板状、针状、柱状矿物连续定向排列而成。岩石较易沿面理裂开,但裂开面平整程度比千枚状构造的差些。

片麻状构造　又称为片麻理。与片状构造的相同点是岩石重结晶程度高,矿物肉眼可识别。不同点在于粒状矿物含量高,板片状、针柱状矿物在其中断续定向分布。其特点是岩石沿片麻理无特别强烈的裂开趋势。

层状构造　又称为条带状构造,是由不同成分、不同结构的浅色层与暗色层(或透镜体)互层构成的面状构造。广泛出现在区域变质岩、动力变质岩和混合岩中。

眼球状构造　特点是眼球状巨大颗粒或颗粒集合体在基质中定向分布,见于动力变质岩和混合岩中。

块状构造　特点是岩石中的矿物无定向且均匀分布,见于接触变质岩、洋底变质岩和埋藏变质岩中。

流状构造　细小碎基和新生的鳞片状、纤状矿物呈纹层状定向分布,颇似流纹构造,但系应力所致。

3. 变质岩的矿物成分

根据变质程度不同,在部分(或少量)保留原岩矿物成分的基础上,变质岩中可出现少量至大量的特征变质矿物。

4. 变质岩的命名

所有分类在命名岩石时都遵循以下两个原则:①以矿物名称＋基本名称命名。基本名称前矿物以含量增加为序排列,含量高的矿物靠近基本名称;②当岩石的变余结构、变余构造非常发育,原岩结构矿物组成十分清楚时,则以"变质××岩"命名之。其中"××岩"是原岩名称,如变质长石砂岩、变质辉长岩等。

5. 几种常见的变质岩

板岩 一种极细粒至隐晶质、通常具有密集板状劈理的岩石，板理面平滑。板岩的可能原岩主要是页岩、泥岩或凝灰岩。重结晶不明显或极轻微，镜下可见有泥质和部分绢云母、绿泥石，有时可见少量的白云母、黑云母、石英等。具变余泥质结构，板状构造。根据颜色及杂质可进一步定名，如红色板岩、碳质板岩等。

千枚岩 具千枚状构造的变质岩。它的原岩类型与板岩相似，重结晶程度比板岩高；但肉眼仍然不能鉴定出矿物的成分，普通显微镜下可观察到片状矿物是绢云母和少量绿泥石、黑云母，因而定向面理上具有特征的丝绢光泽。

片岩 具片状构造；鳞片或纤状变晶结构，也常具斑状变晶结构，基质为鳞片（纤状）变晶结构。矿物粒径多大于0.1mm，肉眼可以辨认矿物成分。常见矿物主要为绢云母、白云母、绿泥石、硬绿泥石、黑云母、角闪石等片状或柱状矿物，含量（体积百分数）常大于30%，其次为浅色粒状矿物长石、石英，长石含量小于25%。常见变斑晶有十字石、蓝晶石、铁铝榴石等特征变质矿物。

片麻岩 具片麻状构造。矿物成分主要由石英、长石及一定量的片状矿物、柱状矿物组成。一般长石＋石英的含量大于70%，长石含量大于25%，暗色矿物含量小于30%。暗色矿物主要是黑云母、角闪石，此外还经常含少量的夕线石、蓝晶石、石榴子石、堇青石等特征变质矿物。常为中粗鳞片粒状变晶结构。片麻岩除具片麻状构造外，有时还出现条带状构造。

角闪岩 一种主要由普通角闪石和斜长石组成的区域变质岩石。岩石中普通角闪石和斜长石的含量相近或前者稍多于后者，可含少量的石英、黑云母、铁铝榴石、绿帘石、透辉石、紫苏辉石等。具片麻状构造、条带状构造或块状构造。它是基性火成岩、凝灰岩或铁镁质泥灰岩经中级变质作用的产物。它主要根据角闪石和斜长石的相对含量命名：如当角闪石含量大于50%，斜长石含量小于50%时，称斜长角闪岩；当角闪石含量大于85%时，称角闪岩。它是中级至高级区域变质岩中最常见的岩石。

石英岩 主要由石英组成的具粒状变晶结构的岩石，具块状构造，有时具变余层理构造。岩石一般为乳白色、灰白色等，石英含量大于95%，致密坚硬是其重要特点。

条带状混合岩 脉体呈条带状平行分布于基体片理中的混合岩，具特征的条带状构造。基体一般有较好的片理，常见为云母片岩、角闪片麻岩、黑云母片麻岩等；脉体的物质成分以长英质为主，厚度不大，且较均匀，在基体中可平行延伸很远（基体片理不发育时，则脉体的厚度有变化，且延伸不远，并可斜交片理）。浅色的脉体物质与暗色的残留基体部分之间，呈条带状互层，两类条带的宽窄变化及其相对含量不定，但一般基体仍占主导地位（>50%）。

片麻状混合岩 混合岩化作用已相当强烈，残留基体仅占较少部分（15%～50%），基体脉体之间界线很不清楚。典型构造为片麻状构造，也可有条带状—条痕状构造或眼球状构造。可见暗色矿物在岩石中定向排列，但这些暗色矿物并不一定是原岩矿物的残余。

混合花岗岩 与正常岩浆成因的花岗岩相比有以下不同点：混合花岗岩往往向四周渐变为其他类型的混合岩，与围岩没有明显的侵入接触关系；混合花岗岩的岩性不均匀，结构变化较大，有时可见非岩浆成因的矿物如堇青石、石榴子石等；混合花岗岩中交代结构普遍发育，没有明显的相带等。混合花岗岩局部仍可见残留阴影构造和不明显的片麻状构造（或线状构造），有时可见变质岩的残留体，其片理产状与混合花岗岩的片麻理及围岩的产状基本一致。在显微镜下可见有各种交代结构。它是混合岩化作用最强烈时的产物，可以由渗透交代作用形成，也可以由重熔作用形成。

实习十四 动力变质岩类、接触变质岩类及气-液变质岩类

参考PPT

一、目的与要求

(1) 掌握常见动力变质岩类、接触变质岩类及气-液变质岩类的主要特征。
(2) 描述和鉴定常见的动力变质岩、接触变质岩及气液变质岩。

二、实习用品

放大镜,小刀,三角板,铅笔。

三、内容

(1) 动力变质岩类:构造角砾岩,碎裂岩,糜棱岩,假玄武玻璃。
(2) 接触变质岩类:角岩,大理岩(区域变质作用也可形成)。
(3) 气-液变质岩类:矽卡岩,云英岩,蛇纹岩。

四、注意事项

(1) 角岩与板岩、千枚岩的区别:角岩具角岩结构或基质为角岩结构的斑状变晶结构,块状构造,岩石致密坚硬,除变斑晶外,基质均为隐晶质,不能分辨矿物颗粒,变斑晶常为红柱石、堇青石、石榴子石等;板岩和千枚岩具板状构造或千枚状构造,常见鳞片状绢云母、绿泥石等。
(2) 钙质矽卡岩与镁质矽卡岩的区别:钙质矽卡岩是中酸性侵入体与灰岩发生接触交代作用的产物,以富钙硅酸盐矿物为主要成分,最典型的矿物是钙铝—钙铁榴石系列的石榴子石和透辉石—钙铁辉石系列的单斜辉石;镁质矽卡岩是由中酸性侵入体与白云岩发生接触交

代变质作用形成的，主要由镁橄榄石、透辉石、金云母、尖晶石等富镁、铝硅酸盐矿物组成。

五、作业

(1)观察和描述下列岩石标本：构造角砾岩、碎裂岩、糜棱岩、假玄武玻璃、角岩、大理岩、矽卡岩、云英岩、蛇纹岩。

(2)矽卡岩中特征变质矿物有哪些？角岩的原岩一般是什么岩石？

教学参考资料

1. 动力变质岩

构造角砾岩 具碎裂结构和角砾状构造。主要由较大的($d>2mm$)的碎块(角砾)组成，角砾碎块呈棱角状、大小混杂、排列紊乱；基质由细小的破碎物(碎基)和铁质、硅质、钙质胶结物组成。若角砾磨圆较好，则称为构造砾岩。

碎裂岩 具碎裂结构或碎斑结构和块状构造或带状构造。可由各种岩石破碎形成，但主要在刚性岩石中发育，如花岗岩、砂岩等。据原岩性质的不同，它可以分为碎裂花岗岩、碎裂石英岩等。碎裂变质岩是由机械变形而产生的，没有明显的化学变化和重结晶。矿物除产生裂缝和机械破碎外，常出现晶面、解理面、双晶结合面的弯曲，云母等片状、柱状矿物的弯曲扭折，石英呈压扁凸镜状并被细粒的碎基围绕等现象。碎裂岩中还可见到少量新生矿物的出现，如绢云母、绿泥石、绿帘石、方解石等。碎裂岩通常是在断层作用(强烈的压碎作用和研磨作用)下产生的，常沿着断层面形成薄层。它广泛分布于地壳浅层断层带内，呈带状延伸。

糜棱岩 具糜棱结构和定向构造。碎斑通常呈卵圆状、眼球状、透镜状，常发育波状消光、变形纹、变形带、扭折带等晶内和晶界塑性变形结构；基质主要由亚颗粒和细小的重结晶颗粒组成。具有明显的面理，且常呈条带状(成分层)绕过碎斑，显示塑性流动特征，因而常称为流状构造。

假玄武玻璃 暗棕色、黑色玻璃质岩石，致密坚硬，断口呈贝壳状。在显微镜下可观察到岩石和矿物的碎斑及玻璃质基质，碎斑大小不等，一般小于 0.2mm，多呈不规则状和浑圆状，其成分视原岩成分差异而不同。假玄武玻璃多呈不连续条带状、细脉状、透镜状分布在断层角砾岩、碎裂岩或糜棱岩带中，以碎斑玻基结构及在断层带与动力变质岩石相伴生的地质产状，是其与玻璃质火山熔岩最重要的区别。传统的观点认为，假玄武玻璃由于快速剪切作用时摩擦、局部热量聚集，使断层岩石发生熔融，而又迅速冷却形成的产物。

2. 接触变质岩

角岩 黑色；具角岩结构或基质为角岩结构的斑状变晶结构，块状构造。除变斑晶外，肉眼不能分辨基质矿物成分。它可根据变斑晶成分的不同进行进一步的分类命名，如红柱石角岩、堇青石角岩等。

大理岩 主要由方解石或白云石组成的岩石，碳酸盐矿物含量大于50%，具粒状变晶结构和块状构造或条带状构造。常见特征变质矿物有透闪石、透辉石、橄榄石、金云母等。

3. 气-液变质岩

矽卡岩 颜色变化较大，常见褐色、暗绿色、灰色等；具不等粒变晶结构或斑状变晶结构，块状构造或斑

实习十四 动力变质岩类、接触变质岩类及气-液变质岩类

杂构造。主要矿物成分有石榴子石、透辉石、绿帘石、透闪石、符山石、橄榄石、金云母、尖晶石、方解石等。矽卡岩主要产于中酸性侵入岩与碳酸盐岩接触带,是碳酸盐岩在接触热变质的基础上和高温气-水热液的影响下经接触交代作用形成的。根据矽卡岩的主要矿物成分特点,矽卡岩可分为两种类型,即钙质矽卡岩和镁质矽卡岩。一般常说的矽卡岩是指钙质矽卡岩,是中酸性侵入体与石灰岩(大理岩)等发生接触交代作用的产物,以富钙硅酸盐矿物为主要组成。最典型的矿物是钙铝榴石—钙铁榴石系列的石榴子石和透辉石—钙铁辉石系列的单斜辉石。镁质矽卡岩是由中酸性侵入体与白云岩发生接触交代变质作用形成的,主要由镁橄榄石、透辉石、金云母、尖晶石、硅镁石等富镁(铝)硅酸盐矿物组成,还可出现硼镁石、硼镁铁矿等硼酸盐矿物。

云英岩 酸性侵入岩及其顶板长英质岩石,在中等深度条件下受高温气-水热液的影响,经交代作用所形成的气-液变质岩。一般为浅色(灰白、灰绿或粉红等色),中粗粒鳞片粒状变晶结构和块状构造。主要矿物为石英、云母(白云母、锂云母等浅色云母),常出现含挥发分的热液矿物萤石或黄玉、电气石等(这些矿物有时也可作为主要矿物出现),其次尚有绿柱石、石榴子石等。

蛇纹岩 超基性岩(富镁质)经热液变作用而形成的蚀变岩,主要原岩之一是橄榄岩。蛇纹岩一般呈暗灰绿色、绿色或黄绿色,风化后呈灰色;质软,具滑感;常见为隐晶质结构,致密块状、带状或角砾状构造。矿物成分比较简单,主要由各种蛇纹石组成,次要矿物有磁铁矿、铬铁矿、橄榄石、辉石等(可呈残晶出现),有时还有少量的阳起石、透闪石等。其中常见纤维状石棉呈脉状分布,石棉纤维多垂直脉壁。

实习十五

古生物化石

参考PPT

一、目的

(1)观察常见的古生物化石标本。
(2)了解这些常见化石的基本构造及简要识别特征。
(3)了解澄江生物群、关岭生物群和热河生物群的主要代表性化石。

二、实习用品

放大镜,三角板,铅笔。

三、内容

(1)无脊椎动物:三叶虫,腕足类,双壳类,鹦鹉螺类和菊石类,四射珊瑚。
(2)脊索动物门:笔石。
(3)古植物。
(4)扩展阅读:查阅有关澄江生物群、关岭生物群和热河生物群资料,了解各生物群的时代及主要代表性化石。

四、注意事项

(1)观察实物标本时,应注意与教材中各类化石的基本构造图相对照。
(2)了解澄江生物群、关岭生物群和热河生物群的特征及地质意义。
(3)古生物化石是地球历史的见证,是研究生物起源和进化等的科学依据,是重要的地质遗迹,是人类宝贵的、不可再生的自然遗产。除具有科研价值外,化石还有重要的观赏价值。国家对珍贵、稀有和其他具有重要科学价值、社会价值的古生物化石实行重点保护。

五、作业

（1）描述三叶虫、腕足类、菊石和双壳类代表性化石，并画出所观察各化石的简略素描图，在图上标明各主要部位的名称。

（2）举出3种属于热河生物群的化石，写出其名称及主要特征。

（3）试说明恐龙和鸟类的演化关系。

 教学参考资料

1. 化石形成的条件

生物本身条件，如硬体、纤维、化学成分等；埋藏条件，如埋藏物成分、粒径等；环境条件，如水动力、pH值、氧化还原条件；时间条件，如埋藏迅速、长时间石化作用等；此外化石形成还需要一定的成岩条件。

由于化石的保存需要一定的条件，因而众多的古生物死亡后能保存下来，并被人类发现、采集到的仅是一小部分。研究古生物的演化应考虑化石记录的不完备性，同时我们也应爱惜形成不易的化石。

2. 化石的保存类型

实体化石　经石化作用保存下来的全部生物遗体或一部分生物遗体的化石，如保存在西伯利亚第四纪冻土层中的猛犸象化石、琥珀中的昆虫化石等。

模铸化石　生物遗体在岩层中的印模和铸型，分为印痕化石、印模化石、核化石和铸型化石。

遗迹化石　保存在岩层中古代生物生命活动留下的痕迹和遗物。

化学化石　地史时期生物有机质软体虽然遭受破坏不能保存为化石，但分解后的有机成分，如脂肪酸、氨基酸等仍可残留在岩层中。这些物质仍具有一定的有机化学分子结构，虽然通过常规方法不易识别，但借助一些现代化的手段和分析设备，仍能把它们从岩层中分离或鉴别出来，进行有效的研究。

3. 常见的几种生物化石

1）三叶虫

三叶虫（图30）身体扁平、分节，背覆坚固的背甲（甲壳），背甲呈长卵形状或椭圆形。背甲上有两条纵向延伸的背沟。由两条背沟将背甲纵分为中部的轴叶和两侧的肋叶。背甲的横向构造分为头甲、胸甲、尾甲3个部分。化石多为头甲和尾甲。头甲中部具纵向凸出的头鞍；尾甲上具尾轴、尾肋和尾刺。

2）腕足类

腕足动物（图31）体外披着两瓣大小不等的硬壳，较大的壳为腹壳（或腹瓣），较小的壳为背壳（或背瓣）。两壳各自左右对称。两壳呈鸟喙状、最早分泌的硬体部分称壳喙。腹壳喙与背壳喙之间为茎孔，是肉茎伸出的地方。腕足动物通过肉茎固着于海底生活。茎孔及壳喙均位于壳体的后方，相对应的一方为前方。壳体前部中央常存在

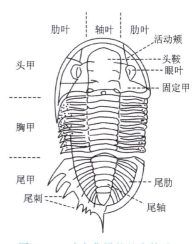

图30　三叶虫背甲的基本构造

隆起和凹槽,称中隆(或中褶)和中槽。一般背壳为中隆,腹壳为中槽。壳表面大多具同心状或放射状壳饰。

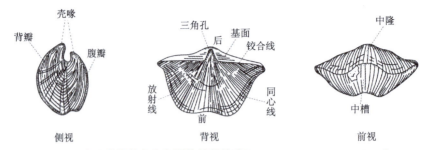

图31 腕足动物的定向和硬体外部构造[$Cyrtospirifer$(弓石燕),约×1]

3)双壳类

双壳类(图32)具两瓣钙质外壳。两瓣壳通常大小、形状一致,形状对称。每瓣壳本身前后一般不对称。壳体最早形成的尖端部分称壳喙。壳喙所在一侧称背部,另一侧称腹部。壳喙附近两壳接合部位发育齿系。齿系由齿和齿窝组成,二者相互咬合。壳表覆有同心状或放射状壳饰。

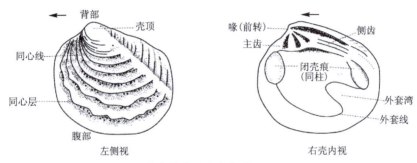

图32 双壳类外壳的基本构造(箭头指示前方)

4)鹦鹉螺类和菊石

最先生长的壳体部分为胎壳,位于壳体后方。壳体内具有若干个横向隔壁,将壳体分为若干房室。最前方具壳口的房室为住室,是软体居住的地方;其他各室为气室,充有气体,起漂浮作用。横向隔壁周缘与壳体内壁接触的界线为缝合线。壳体内贯穿各室的纵向中央通道为体管。鹦鹉螺类壳体多呈直锥形,菊石壳体多呈平旋形。二者的其他构造基本类似。

5)四射珊瑚

四射珊瑚的形态有单体(每个珊瑚虫独立生活,以锥状为主)和复体(多个珊瑚虫呈紧密排列的块状或彼此分离而部分相连的丛状)两种类型。单体内具纵列构造(纵向隔壁),在横断面上隔壁呈放射状排列。横列构造为横跨肠腔的横板,可分为完整横板和上下交错的不完整横板。边缘构造指珊瑚体内边缘呈叠瓦状排列的一系列小板,分为鳞板和泡沫板。鳞板位于横板与壳壁之间,呈向上拱曲的鱼鳞状,不切断隔壁;泡沫板是切断隔壁的边缘小板(图33)。

6)笔石

半索动物的最主要特征是口腔背面向前伸出一条短盲管,称口索,这是半索动物门所特有的。有人认为口索是最初出现的脊索,也有人认为它相当于未来的脑垂体前叶。半索动物曾作为一个亚门,归属于脊索动物门,但基于它具有腹神经索及开管式循环,肛门位于身体最后端,而且口索很可能是一种内分泌器官,目前多数学者把半索动物作为一个独立的门。

笔石纲是半索动物门中一个已灭绝的纲,是一种海生小个体群体动物。化石常因升馏作用而保存为碳质薄膜,在岩层上似象形文字,故称笔石(图34)。

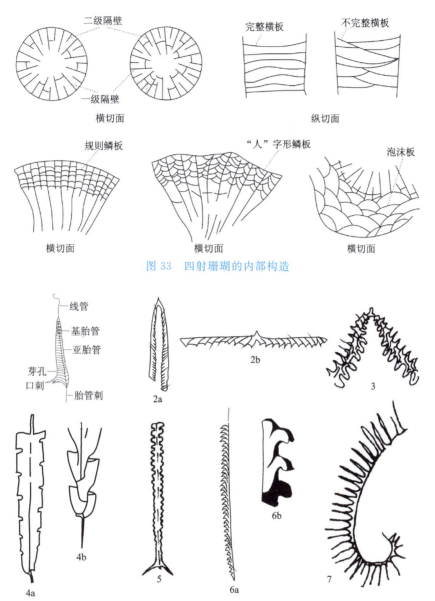

图 33 四射珊瑚的内部构造

1. 正笔石类笔石的胎管构造；2. *Didymograptus*(对笔石)，b 是 a 的局部放大；3. *Sinograptus*(中国笔石)；4. *Normalograptus*(正常笔石)，a. 栅笔石式胞管，b. 雕笔石式胞管；5. *Climacograptus*(栅笔石)；6. *Monograptus*(单笔石)，b 是 a 的局部放大；7. *Rastrites*(耙笔石)。

图 34 正笔石类笔石的胎管构造及常见的笔石动物化石种类(引自杜远生等，2022)

笔石基本构造包括胎管、胞管和笔石枝。

胎管 第一个个体所分泌的圆锥形外壳，是笔石体生长发育的始部。胎管由基胎管和亚胎管组成。在亚胎管一侧由管壁中生出一条直的胎管刺；另一侧常因胎管口缘延伸形成口刺；在基胎管尖端反口方向伸出一条纤细的线状管，称为线管。

胞管 第一个胞管由胎管侧面的一个小孔出芽生出。树形笔石类有两种类型的胞管，即较大的正胞管和较小的副胞管，正胞管和副胞管是由茎系连接在一起的。正笔石类绝大多数只有正胞管，但胞管形态多种多样。

笔石枝 成列的胞管构成笔石枝。胞管所在的一侧为腹侧,与之相反的一侧为背侧。笔石枝靠近胎管的部分称为始端,胞管增长的一端为末端。正笔石类在笔石枝的背部有连通各个胞管的共通管(沟)。每个胞管靠近共通管一边为背,另一边为腹。相邻两胞管间常有重叠,但重叠的程度各类笔石不一。

笔石动物可以生活在从滨海到陆棚边缘以及陆棚斜坡等海域。除了大部分树形笔石为固着生活外,其他各类笔石大都是浮游生活。笔石类化石可以保存在各种沉积岩中,但最主要还是保存在页岩中。黑色页岩往往含大量笔石,形成"笔石页岩"。笔石是很好的指相化石。

笔石动物始现于寒武纪苗岭世,在芙蓉世生活的主要是树形笔石类;奥陶纪正笔石类极为繁盛;志留纪开始衰退,早泥盆世末正笔石类灭绝;树形笔石类的少数分子延续到石炭纪密西西比亚纪末就全部灭绝了。

7)古植物

植物在生命演化和陆地生态领域开拓中起到了十分重要的作用。在距今4亿多年前的志留纪,具有真正维管束的植物出现,生物的生态领域才由水域扩展到陆地,开始了陆地生物的演化阶段。

植物的出现,使大地披上了绿装,也促进了原始大气中氧气的循环和积累。这为包括人类在内的其他陆生生命演化提供了必要的先决条件,使地表有了今天山花烂漫的缤纷世界。

古植物是划分及恢复地史时期古大陆、古气候和植物地理分区的主要标志。古植物本身亦参与成矿作用、成岩作用,是各地史时期煤层的物质基础。

陆生植物一般都已分化出根、茎、叶和生殖器官等部分,每个器官是由各种组织组合而成的。除苔藓植物门外,其最重要的特征是具输导作用的维管系统,它存在于各个器官中。

植物界(高等植物)分类系统:

```
苔藓植物门Bryophyta ————————————————— 早古生代—现代
原蕨植物门Protopteridophyta ——————————— 志留纪—泥盆纪        ┐
石松植物门Lycophyta ——————————————— 泥盆纪—现代,石炭纪、二叠纪盛  │ 蕨类植物
节蕨植物门(楔叶植物门)Arthrophyta(Sphenophyta)— 泥盆纪—现代,石炭纪、二叠纪盛 │
真蕨植物门Pteridophyta ————————————— 泥盆纪—现代,石炭纪、二叠纪、中生代盛 ┘
前裸子植物门Progymnospermophyta ——————— 中、晚泥盆世—二叠纪     ┐
种子蕨植物门Pteridospermophyta ——————— 晚泥盆世—早白垩世         │
苏铁植物门Cycadophyta ——————————— 宾夕法尼亚纪—现代,中生代盛     │ 裸子植物
银杏植物门Ginkgophyta ———————————— 二叠纪—现代,中生代盛         │
松柏植物门Coniferophyta ┌科达纲 Cordaitopsida — 晚泥盆世—早三叠世,石炭纪、二叠纪盛 │
                      └松柏纲 Coniferopsida — 晚石炭世—现代,中生代盛       ┘
买麻藤植物门Gnetophyta —————————————— 白垩纪—现代              ┐
有花植物门(被子植物门)Anthophyta(Angiospermae) ┌双子叶纲Dicotyledones (中侏罗世?) 白垩纪—现代 │ 被子植物
                                              └单子叶纲Monocotyledones 白垩纪—现代              ┘
```

4. 澄江生物群

寒武纪生物大爆发 人们把寒武纪(距今约540Ma)动物迅速适应辐射称为"寒武纪生物大爆发"(Cambrian explosion)。寒武纪被称为创造"门"的时代,从原口动物(Protostomia,即由原肠胚的胚孔形成口的动物)各门到后口动物(Deuterostomia,在胚胎的原肠胚期其原口形成肛门,而与其相对的后口形成口的动物)各门,各种基本造型都已出现,其化石广布于世界许多地方。按新老次序可以分为3幕:第一幕,梅树村阶的小壳动物群(最早的带壳生物);第二幕(主幕),第二统第三阶的澄江生物群,以特异埋藏保存的软躯体化石为特色,动物体造型的分异度和悬殊度都很大;第三幕,寒武系第三统(苗岭统)的布尔吉斯页岩生物群。过去认为寒武纪是三叶虫的时代,事实表明三叶虫只是当时生物群落的极小部分。造成错觉的原因是三叶虫是一种蜕壳的节肢动物,保存潜力大,其真实数量被无形地夸大了。

实习十五 古生物化石

1984年7月1日,云南省澄江县帽天山一带发现了时代为寒武纪早期(距今约520Ma)的化石群,称为澄江生物群。该生物群中各种不同类型的海洋动物软体构造保存完好,千姿百态,栩栩如生,是目前世界上所发现的最古老、保存得最好的一个多门类生物化石群。由于以动物化石为主,因此,澄江生物群也称澄江动物群。澄江生物群出现于寒武纪生物大爆发时期,除了低等植物藻类外,大量代表现生各个动物门类的动物同时出现。也就是说,大多数现生各动物门类化石代表在澄江生物群中都有发现。而在寒武纪之前,除了分散的海绵骨针外,还没有出现过这些动物。这些生物包括:①后生动物原始类型(双胚层动物),如海绵动物、栉水母动物、腔肠动物等;②原口动物类。如腕足类、苔藓类、帚虫动物、软体动物、环节动物、节肢动物等;③后原口动物类,如古虫类、无脊椎动物步带类(古囊类、棘皮类、半索动物类)、脊索动物等;④大量疑难化石类别。

澄江生物群 化石之丰富,保存之精美,类型之众多,堪与世界著名的布尔吉斯页岩生物群相媲美。两者在属级以上分类单元的组成上非常相似,只是在种一级的组成上有很大不同。澄江生物群在时代上比布尔吉斯页岩生物群约早了1000万年,非常接近寒武纪的开始,因而具有更大的研究价值和科学意义。澄江生物群再现了距今约5.2亿年前海洋生物世界的真实面貌,充分显示出寒武纪早期的生物多样性,将绝大多数现生动物门的演化历史追溯到寒武纪开始,为揭示早期生命演化"寒武纪大爆发"的奥秘提供了极其珍贵的证据。

5. 关岭生物群

关岭生物群产出于贵州西南部安顺市关岭县上三叠统,紧邻黄果树瀑布风景区,距今约2.2亿年,其中的海生爬行动物种类丰富,保存完好,举世罕见。海生爬行动物与棘皮动物海百合共生。海百合茎腕分明,精美纤秀,连结成片,犹如"海底森林";脊椎动物鱼类大小各异,游态不同,眼唇大圆,鳞尾欲动;无脊椎动物菊石、牙形石和双壳类等的数量极为丰富。它们共同构成美妙的古海洋深水动物生态系统。关岭生物化石就其地方性和多样性都为世界罕见,主要生存于水体较深(200~500m)的开阔海域,其中海生爬行动物鳍龙类和鱼龙类具有三叠纪与侏罗纪—白垩纪动物群之间的过渡性质,属、种和数量极其丰富,具有明显的地方色彩,是至今世界上发掘种类最多、保存最为完整的晚三叠世化石群,为研究这一时期爬行动物的演变提供了难得证据,对海生爬行动物的分类、演化及古生态和古埋藏学都具有重要科学价值。

6. 热河生物群

1928年,美国地质学家葛利普(Grabau)在我国辽西进行地质工作,第一次使用了"热河生物群"这个名称。1962年我国的古生物学家顾知微在此基础上提出了"热河生物群"的概念,它包括了动物群化石和植物群化石两个方面的内容(时代为中侏罗世—晚侏罗世)。热河生物群的化石在我国的发现历史很长,但是从20世纪90年代初开始,才在国际上引起了广泛的重视。热河生物群属于中生代,是一个既充满生机又承前启后的生物群。辽西地区不仅是热河生物群分布的中心,而且其独特而完整的陆相中生代地层同样也堪称世界一流,因此才得以保存了今天这样一个世界罕见的化石宝库。它拥有世界第一个带羽毛的恐龙化石(原始中华鸟龙)和丰富的原始鸟类化石,这使得这一地区成为研究鸟类起源的圣地。热河生物群中最早发现的重要化石是一些保存完整的早期鸟类化石(它们填补了鸟类演化在这一地质历史时期的空白),随后是一系列其他重要化石,如哺乳动物、带羽毛的恐龙、原始的被子植物等的化石。它们的发现把热河生物群的研究逐步推向了国际前沿。从1995年至今,关于热河生物群的新发现和研究,我国学者仅在《自然》和《科学》这两个国际顶尖期刊上就发表了30余篇论文,在学术界和社会公众中均产生了较大的影响,并且成为我国地质科学研究中独具魅力的一个研究领域,同时也是我国基础科学研究中的一个亮点。

7. 鸟类起源

恐龙起源说,是目前以恐龙研究专家为首比较热门的一派;另一派则是综合为非恐龙起源的一派,他们的观点曾长期占主导地位。近年由于中国多种带"毛"恐龙的出现(中华鸟龙、原始祖鸟、孔子鸟、尾羽鸟和意外北票龙等),恐龙起源说逐渐占主导地位。然而,从生物发展的本质和生物遗传学、发生学、胚胎学的成果综合分析,还有许多恐龙起源说难以解释的事实。

8. 有关恐龙绝灭的假说

(1)小行星撞击说。65Ma前,有一颗直径7~10km的小行星坠落在地球表面,引起一场大爆炸,把大量的尘埃抛入大气层,形成遮天蔽日的尘雾,导致植物的光合作用暂时停止,恐龙因此而灭绝了。

(2)气候变迁说。65Ma前,地球气候陡然变化,气温大幅下降,造成大气含氧量下降,令恐龙无法生存。也有人认为,恐龙是冷血动物,身上没有毛或保暖器官,无法适应地球气温的下降,都被冻死了。

(3)物种斗争说。恐龙年代末期,小型哺乳类动物出现。这些动物属啮齿类食肉动物,可能以恐龙蛋为食。由于这种小型动物缺乏天敌,越来越多,最终吃光了恐龙蛋。

(4)大陆漂移说。地质学研究证明,在恐龙生存的年代,地球的大陆只有唯一一块,即"泛大陆"。由于地壳变化,这块大陆在侏罗纪发生较大的分裂和漂移现象,最终导致环境和气候的变化,恐龙因此而灭绝。

(5)地磁变化说。现代生物学证明,某些生物的死亡与磁场有关。对磁场比较敏感的生物在地球磁场发生变化的时候,都可能导致灭绝。由此推论,恐龙的灭绝可能与地球磁场的变化有关。

实习十六

地层的划分与对比

 一、目的与要求

(1)分清岩石地层单位与年代地层单位的概念。
(2)初步学会对地层剖面进行系、统和组的划分。
(3)初步掌握统的对比。

 二、实习用品

(1)《湖北宜昌南华系—寒武系地层综合柱状图》(附图2),《湖北秭归、宜昌、山东张夏地层对比图》(附图3)。
(2)铅笔,橡皮,三角板。

 三、内容

1. 对湖北宜昌剖面进行组的划分(附图2)

(1)从下而上由老到新阅读剖面资料,了解各层的沉积相特征(包括岩性特征、沉积特征和古生物特征)、厚度和接触关系。
(2)依据"组"的特征,综合考虑沉积环境演化的阶段性、接触关系和厚度,对该剖面进行组的划分。
(3)划分出若干组后,自下而上对组进行编号。

2. 对湖北宜昌剖面的南华系—寒武系进行划分(附图2)

(1)根据标准化石时代资料,确定南华系与下伏地层、震旦系与南华系、寒武系与震旦系、下寒武统与底寒武统、下寒武统与中—上寒武统、奥陶系与寒武系的界线。

(2) 根据上、下地层层位和地层的接触关系,判断宜昌剖面是否存在上寒武统和下震旦统,如果存在,确定其顶、底界线。

3. 对湖北宜昌、秭归及山东张夏剖面进行统的对比(附图 3)。

(1) 根据标准化石时代资料对每个剖面进行统的划分,确定统间界线位置,在剖面图左侧标明统的时代代号。

(2) 用虚线连接各剖面中对应统之间的界线。如果剖面缺失某些地层,则采取上下虚线尖灭的方法连接。

四、注意事项

(1) 组和统的划分依据不同。其界线不一定对应,如湖北宜昌剖面的第 10 层,因含小壳动物化石,其时代为早寒武世,故应划入底寒武统(寒武系分为底统、下统、中统和上统),但其岩性特征与下伏层近一致,故应与下伏层合并建组。

(2) 组内不应存在长期的沉积间断,因而同一组内不应有不整合接触关系,不整合接触界面应为组或群的界面。

(3) 在进行统的对比时,对比线应是两个不同统之间的等时线,湖北秭归、宜昌剖面中,下寒武统和上震旦统的界线应在小壳动物化石层之下,不要将对比线画在该层之上的不整合界线上。

五、作业

(1) 完成《湖北宜昌南华系—寒武系地层柱状剖面图》(可参考附图 2)。
(2) 完成《湖北秭归、宜昌、山东张夏统的地层对比图》(可参考附图 3)。

教学参考资料

地质年代 地质体形成或地质事件发生的时代,包括相对年代(地质体形成或地质事件发生的先后顺序)和绝对年龄(地质体形成或地质事件发生时距今有多少年)。

年代地层单位 在特定地质时间间隔内形成的地层体,这种单位代表地史中一定时间范围内形成的全部地层,而且只代表这段时间内形成的地层。每个年代地层单位都有严格对应的地质年代单位。年代地层单位自高而低可以分为宇、界、系、统、阶、时带,与地质年代单位的宙、代、纪、世、期、时相对应。

岩石地层单位 由岩性相对一致或相近的岩层组成,或为一套岩性复杂的岩层,但可以与相邻岩性相对简单的地层相区别。除此之外,一个岩石地层单位应有相对稳定的地层结构。岩石地层单位包括群、组、段、层 4 级单位。组是岩石地层单位系统的基本单位,是具有相对一致的岩性和具有一定结构类型的地层体。组的内部结构也应有一致性,内部不分段的组为一种结构类型,内部分段的组可有多种结构类型。组的顶界线、底界线明显。界线可以是不整合界线,也可以是标志明显的整合界线,但组内不能有不整合界线。

地层的接触关系 地层的重要物质属性之一。它在识别地层结构、划分地层单位中具有重要作用。常见的地层接触关系包括两大类:一是不整合接触,二是整合接触。不整合接触关系包括角度不整合接触和平行不整合接触(假整合)。整合接触关系包括连续和小间断等类型。

地层划分的依据 主要有岩石学特征、生物学特征、地层结构、地层的厚度和体态、地层的接触关系和其他属性(如地层的磁性特征、电阻率和自然电位、矿物特征等)。

地层划分、对比的原则和方法 地层划分是依据不同的地层物质属性将相似和接近的地层组构成不同的地层单位;地层对比是将不同地区的地层进行空间对比和延伸。地层划分对比主要方法有:岩石学的方法(岩性组合法、标志层法和地层结构对比)、生物地层方法(标准化石法、化石组合法)、构造运动面方法、同位素年龄测定法以及磁性地层对比法等。

实习十七

认识地质图，作地形剖面图和地质剖面图

一、目的与要求

(1)认识地质图、地质剖面图和地层柱状图。
(2)了解地质图内容，掌握读图方法。
(3)认识水平岩层、倾斜岩层和不整合面在地质图上的表现。
(4)学习绘制简单的地形剖面图和地质剖面图。

二、实习图件和用具

(1)正式出版的 1∶25 万或 1∶5 万地质图。
(2)《龙虎山地形图》(附图 4)，《凌河地区地形地质图》(附图 5)。
(3)三角板，铅笔，方格纸，橡皮。

三、内容

1. 认识地质图、地质剖面图和地层柱状图，学习阅读地质图

地质图是用规定的符号、颜色、花纹，将地壳某部分地质组成、地质现象，按比例投影到平面(地形图)上的图件。阅读地质图的顺序：先图外，后图内；先地形，后地质；先整体，后局部；先略读，后详读。其具体内容如下：

(1)读图名、比例尺，了解图的地理位置、图的类型，推算图幅面积和工作详细程度。
(2)读图例，了解图内地层、岩石、构造发育情况。
(3)读地形等高线，了解图内地形地势，帮助认识地层、岩石、地貌与构造之间关系。
(4)概读地质内容，了解图内地层、岩浆岩、变质岩分布情况和构造特征。
(5)重点详读，对重点地区进行有针对性详读，并作适当记录。

实习十七　认识地质图，作地形剖面图和地质剖面图

(6)边读边对照，即在读地质图时，要对照综合地层柱状图、剖面图和图例，这样才能加深理解。

2. 认识水平岩层、倾斜岩层和不整合面在地质图上的表现特征

水平岩层在地面和地质图上的表现特征：地质界线与地形等高线平行或重合。

倾斜岩层在大比例尺地质图上表现最明显的是地质界线与地形等高线相交，在山脊和沟谷处弯曲成为"V"字形，并且呈现出一定的规律，即所谓"V"字形法则。

3. 绘制地形剖面图

(1)绘制垂直比例尺。
(2)按垂直比例尺投影等高线与剖面交点。
(3)用圆滑的曲线连接各点。

四、注意事项

(1)注意编制地形剖面图和地质剖面图步骤。
(2)注意水平比例和垂直比例的一致性。
(3)注意标明图名、方向、图例、比例尺、主要村庄、河流与地名。

五、作业

(1)在《龙虎山地形图》(附图4)上，作过A—B点的地形剖面图。
(2)在《凌河地区地形地质图》(附图5)上，作过A—B点的地质剖面图。

教学参考资料

1. 基本概念

1) 地质图

地质图是用规定的符号、颜色、花纹，将地壳某部分地质组成、地质现象，按比例投影到平面(地形图)上的图件。一幅正规的地质图应有图名、比例尺、图例、编图单位和编图日期等。完整的地质图包括地质图、综合地层柱状图和地质剖面图3个部分。在一般情况下，综合地层柱状图位于地质图左边，地质剖面图位于地质图下边，而图例位于地质图右边。

常用图例　　地层代号及色谱

图名　图名常用整齐美观的大字书写(或印刷)。图名要表明图幅所在地区和图的类型，如《北京西山地质图》《四川省大地构造图》等。正规的地质图名称应有图幅号和图幅名，如《棠阴镇幅G50E004010》《临夏市幅 I48C001001》等。

比例尺 比例尺可以表明图幅反映实际地质情况的详细程度。比例尺主要有数字比例尺和线条比例尺两种类型。

图例 图例是一张地质图不可缺少的部分,不同类型的地质图有不同的图例。一般地质图图例是用各种规定的颜色和符号来表明岩石的时代和性质。在图例中,地层自上而下(上新下老)排列,岩浆岩由新到老排列。图例中的构造符号放在地层、岩石图例的下面。

图框外上方要注明编图单位和编图时期,下方注明编图单位负责人及编图人员。如根据许多材料综合编成的地质图,要在图框外右下方注上引用的资料(如地质图等),以及这些资料的编者、出版单位和出版日期。

2)地质剖面图

地质图所反映的是平面上地质现象,而地质剖面图则反映的是地下一定深度的地质现象。地质剖面图是用规定的符号、花纹和颜色,按一定的比例、沿一定的方向表示一定距离内地下一定深度地质现象的图件。它根据测制方法不同可分为实测剖面图、路线剖面图和图切剖面图,前二者在室外测制,而后者从地质图上切绘,故称图切剖面图。剖面图应有和地质图一致的垂直比例尺和水平比例尺。地层产状平缓地区,地质剖面图的垂直比例尺需要放大,那么必须在地质剖面图上注明水平比例尺和垂直比例尺。地质剖面图如单独绘出时,需要有图名、比例尺、图例等要素,并且应该与地质图图例的颜色、代号一致。

3)综合地层柱状图

一份正式的地质报告和地质图上,应该附有全区的综合地层柱状图。综合地层柱状图可以附在地质图的左边,也可以画在另一张纸上。比例尺大小视情况而定,一般要大于地质图的比例尺。柱状图应有图名,如果是综合较大区域作出来的,则称为《××地区综合地层柱状图》。

综合地层柱状图中的地层要按照从老到新的顺序往上绘制,在绘制过程中要考虑到不整合接触和岩体侵入的情况,必须把这些重要的现象正确地表示在图上(也有只画地层而不画侵入岩体的)。

地层单位一般分为界、系、统、群、组、段 6 栏。有时在"统"之下再划分"阶",或者不需要"群"。

岩性柱除按图例填绘花纹外还要按《地质图用色标准及用色原则(1∶50 000)》(DZ/T 0179—1997)中的色标(或统一规定的色标)着上颜色。

岩性描述一栏只描述岩石最主要特征,如岩石名称、颜色、颗粒大小、成分以及其他突出特征等。如果有火成岩侵入,就应该在与其相当时代的位置加以描述。

化石一栏中对化石的描述要用拉丁文写出属名、种名。此外还可以简要说明化石的保存特点。

地貌及水文地质两栏可以合并,也可以分开。地貌栏主要描述不同岩石经受外力地质作用后在地面上的表现,如石灰岩造成岩溶地貌、石英砂岩造成陡崖等。水文地质栏主要叙述岩石的水文地质性质,如含水层、隔水层等。可用蓝色表示含水层的存在,并注明厚度。

矿产一栏要把各种矿产及有开采价值的岩石写出,并注明矿产、层位、厚度及用途等。

柱状图一般分为以上几栏,也可根据全区的地质特点和工作任务,内容作适当地增加或减少。

2. 水平岩层、倾斜岩层和不整合面在地质图上的表现特征

1)水平岩层

水平岩层在地面和地质图上的表现特征:地质界线与地形等高线平行或重合。在岩层未发生倒转的情况下,老地层出露在低处,新地层出露在高处。岩层露头宽度受岩层厚度和地面坡度影响,在地面坡度不变的情况下,厚度越大,露头宽度也越大;在厚度不变的情况下,坡度越小,露头宽度越大;在陡崖处,水平岩层顶面和底面的地质界线重合,露头宽度为 0m,水平岩层的顶、底面界线的标高差就是该岩层的厚度。

2)倾斜岩层

倾斜岩层在大比例尺地质图上表现得最明显的是地质界线与地形等高线相交,在山脊和沟谷处弯曲成

为"V"字形,并且呈现出一定的规律,即所谓"V"字形法则。

(1)当岩层倾向和地面坡向相反时,地质界线"V"字形尖端和等高线突出方向一致,但地质界线形态更为宽阔(相反相同)(图35A)。

(2)当岩层倾向与地面坡向相同时有两种情况:①岩层倾角大于地面坡角,地质界线"V"字形尖端和等高线突出方向相反(相同相反)(图35B);②岩层倾角小于地面坡角,地质界线"V"字形尖端和等高线突出方向相同,但地质界线形态更为狭窄(相同相同)(图35C)。

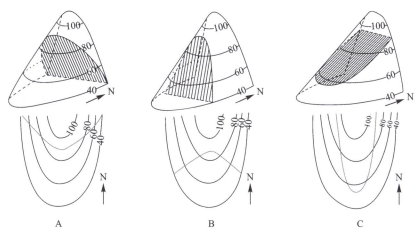

A.岩层倾向与地面坡向相反(相反相同);B.岩层倾向与地面坡向一致,岩层倾角大于地面坡角(相同相反);
C.岩层倾向与地面坡向一致,岩层倾角小于地面坡角(相同相同)。

图35 倾斜岩层在地质图上的表现特征

上述3种情况反映出倾斜岩层地质界线形态主要由岩层倾角大小以及岩层倾向和地面坡向关系这几个因素决定。掌握这一规律有助于建立岩层产状立体形态和岩层露头投影形态关系的概念,对填绘和阅读大、中比例尺地质图很重要。

3) 不整合面在地质图上的表现

(1)平行不整合:在平面和剖面上,平行不整合都表现为上、下地层界线在较大范围内平行展布,岩层产状基本一致,但时代不连续,其间缺失地层。

(2)角度不整合:在平面和剖面上,不整合面上、下地层产状相切。在平面上新地层走向与不整合线大体一致,老地层被不整合线斜切,剖面图上二者斜交(图36A)。但当新、老地层走向一致而倾角不同时,在平面上二者走向平行,剖面图上二者斜交(图36B)。

3. 地质剖面图的编制步骤与方法

1) 选择剖面线

剖面线应尽量垂直地层走向或垂直构造线方向,通过地层出露最全、构造最清楚(相对简单)部位(本书已给出剖面线参考位置)。

2) 确定基线

根据剖面上地形起伏特点,确定剖面下部基线,即确定所要反映的深度。

3) 投绘地形剖面线

利用坐标纸和三角板,将剖面线经过的高程点投到坐标纸上,然后用平滑曲线连接各点即得到地形剖面图(图37),并在地形剖面上标出所经过的主要村庄、河流、山峰等。

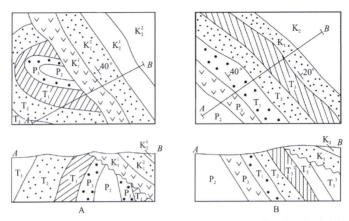

上.平面图;下.剖面图;A.不整合界线两侧地层线相交;B.不整合界线两侧地层线平行。

图36 角度不整合在地质图上的表现

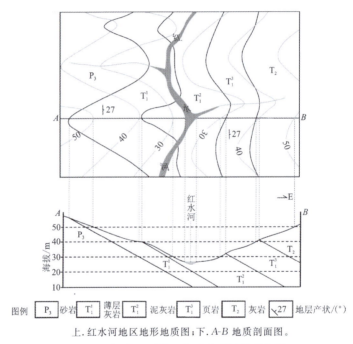

上.红水河地区地形地质图;下.A-B地质剖面图。

图37 投绘地形剖面线及地质界线示意图

4)投绘地质界线

将各地质界线与图切线交点投到地形剖面上(图37),然后根据图切线上或附近岩层产状(产状选择要避开断层或不整合面的影响)绘制地质界线,填绘岩性花纹、时代代号或颜色。

5)整饰图件

写上图名,标出方向,画出图例,进行必要整饰,做到准确、合理、清晰、美观。

在实际工作中,经常有剖面线与岩层走向或断层走向斜交,这时应先将真倾角转换成视倾角再进行绘制工作,真倾角与视倾角换算公式如下:

$$\tan\beta = \tan\alpha \cdot \cos\omega$$

式中:α 为真倾角(°);β 为视倾角(°);ω 为倾向与剖面线夹角(°)。

实习十八 读褶皱地区地质图并作地质剖面

一、目的与要求

(1)初步掌握阅读褶皱地区地质图的步骤和方法。
(2)学会从地质图上认识褶皱的形态,分析其组合特征及形成时代。
(3)学会编制褶皱发育地区地质图的图切剖面。
(4)学习描述褶皱。

二、实习图件和用具

(1)《暮云岭地区地形地质图》(附图6)。
(2)三角板,量角器,方格纸,铅笔。

三、内容

1. 阅读褶皱发育区地质图,分析褶皱形态

阅读褶皱发育区地质图,首先要确定褶皱类型(背斜和向斜),其次分析褶皱形态、组合类型及形成时代。在分析时,除遵循一般的读图方法外,具体步骤可从以下几方面着手,但对不同类型的褶皱其重点又有所不同。

(1)确定褶皱类型。根据地层的对称重复以及地层新老关系和产状区分褶皱基本类型。背斜核部为老地层,两翼依次为新地层;向斜核部为新地层,两翼依次为老地层。

(2)确定两翼产状。根据褶皱两翼产状及其变化,确定轴面和枢纽的产状。两翼产状可从地质图上直接读出。在大比例尺的地形地质图上,两翼产状也可根据地质界线与等高线的关系求出。

(3)判断轴面产状。根据两翼的倾向、倾角大致判断轴面的产状。若两翼倾向相反、倾角近相等，表示轴面直立；若两翼倾角不等，表示轴面是倾斜的。在斜歪褶皱和倒转褶皱中，背斜的轴面倾向均与缓翼倾向一致。

(4) 枢纽产状的确定。当地形近平坦，褶皱两翼平行延伸时，即两翼岩层走向平行一致，则褶皱枢纽是水平的；当两翼岩层走向不平行时，两翼同一岩层界线交会或呈弧形弯曲，说明该褶皱枢纽是倾伏的。背斜两翼同一岩层地质界线交会的弯曲尖端指向枢纽倾伏方向。向斜两翼同一岩层地质界线交会的弯曲尖端指向扬起方向(图38)。另外，沿褶皱延伸方向核部地层出露的宽窄变化，也能反映出枢纽的产状。核部变窄的方向是背斜枢纽倾伏方向，或为向斜枢纽扬起方向。

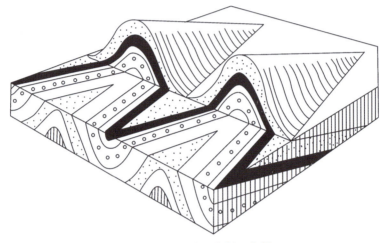

图38 枢纽倾伏的背斜和向斜

在地形起伏很大的大比例尺地质图上，褶皱岩层界线受"V"字形法则的影响，岩层界线弯曲不一定反映枢纽起伏。枢纽水平的褶皱，会因地形起伏的影响，表现出两翼交会。此时要从褶皱两翼产状、褶皱岩层界线分布形态与岩层产状和地形的关系等方面综合起来分析才能正确认识枢纽产状。

(5) 认识转折端形态。在地形较平坦的地质图上，褶皱倾伏处(或扬起处)的轮廓大致反映褶皱转折端的形态。

(6) 翼间角和褶皱紧闭程度的判定。根据两翼岩层的倾向与倾角，可大致地估测出翼间角的大小，再据其翼间角的大小对褶皱紧闭程度作出定性描述。

(7) 轴迹和平面轮廓的确定。将褶皱各相邻岩层的倾伏端点(或扬起端点)连线，即是轴迹。轴迹所示方向表示褶皱的延伸方向，轴迹的长短表示褶皱在平面上的大小，褶皱两翼同一岩层的出露线沿轴迹方向的长度与垂直轴迹方向的宽度之比即褶皱的长宽比。按长宽比可将褶皱分为线型、短轴和等轴3种类型。

(8) 褶皱形成时期的确定。主要根据地层间的角度不整合接触关系来确定褶皱的形成时代。不整合面以下褶皱岩层最新地层时代之后与不整合面以上最老地层时代之前为褶皱形成时代。

2. 绘制褶皱发育区地质图的图切剖面

褶皱剖面有横剖面(铅直剖面)和正交剖面(横截面)。以下说明横剖面的编制方法。

(1)选择剖面线。剖面线应尽量垂直褶皱走向,并通过全区主要构造。

(2)标出剖面线所通过的褶皱位置。背斜用"∧"表示,向斜用"∨"表示。将次一级褶皱轴迹延长与剖面相交,用同样方法算出次一级褶皱位置(图39)。

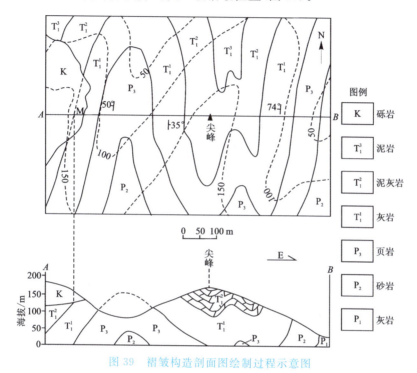

图39 褶皱构造剖面图绘制过程示意图

(3)绘制地形剖面。

(4)绘出褶皱形态。将剖面线上的地质界线和褶皱轴迹的交点投影到地形剖面上。在投影地质界线点和画褶皱构造时应注意以下几点:①当剖面切过不整合面和第四系时,先画不整合面以上的地层和构造,然后再画不整合面以下的地质界线。它的画法是:在地质图上把不整合面以下的岩层分界线按其延伸趋势延长,至剖面线上相交于某点(如图39中的 M 点),将此点投影于不整合面得一交点,从此点绘出不整合面以下地层的界线和构造。②若剖面线切过断层,先画断层,然后再画断层两侧的地层和构造。③当剖面线与地层走向斜交时,应将岩层倾角换算成视倾角。④作图顺序应从褶皱核部开始,依次绘出两翼上各层,若各层倾角相差较大,应使岩层厚度保持不变而调整局部产状,使之逐渐过渡与主要产状协调一致(图40)。

(5)恢复褶皱转折端的形态。在平行褶皱中,岩层厚度在整个褶皱中保持不变;在相似褶皱中,转折端处的岩层应有所加厚。褶皱转折端圆滑或尖锐,应根据其在地质图上的形态近似地确定。至于转折端深部的位置,如为轴面直立褶皱,应根据枢纽倾伏角作纵向切面,求出到所作剖面处核部地层枢纽的深度,然后结合两翼倾角枢纽位置绘出转折端深部。在一般情况下,转折端深部位置可根据两翼产状和褶皱形态作合理的推测。

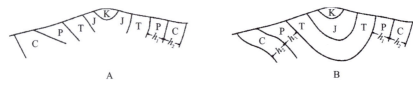

A. 校正前；B. 校正后。

图 40　根据同一层厚度校同翼岩层产状

(6)求轴面产状。在褶皱剖面绘好之后,可在图上求轴面产状(转折端的平分线即轴面),也可用两翼同一层面产状计算。若为两翼正常的褶皱,则轴面产状为：

$$A = 90° - (b - A)$$

若一翼倒转,一翼正常,则：

$$A = (b' + a)/2$$

式中:A 为轴面倾角(°);a,b 为正常翼倾角($a<b$)(°);b' 为倒转翼倾角(°)。

3. 褶皱的描述

褶皱描述包括以下内容：褶皱名称(地名加褶皱类型)、位置、规模(出露长度、宽度)、轴线方向、核部地层、两翼地层及产状、轴面产状、枢纽延伸方向(倾伏或扬起)、转折端形态、次级褶皱发育情况、褶皱的完整性与后期破坏情况及褶皱形成时代等。

现以暮云岭背斜(附图 6)为例,描述如下：

暮云岭背斜位于暮云岭一带,呈 NE-SW 向延伸；核部由下石炭统组成,宽约 500m,长约 2750m；平面上呈不规则的长椭圆形,长宽比约为 5：1,近线形背斜；两翼由上石炭统及二叠系组成,两翼产状分别是 315°∠60°～55°,135°∠40°～25°；可见北西翼较陡,南东翼较缓,轴面向南东倾,倾角约 80°；转折端比较圆滑,翼间角约 80°,为开阔褶皱；枢纽向 NE、SW 两端倾伏,中部隆起；背斜向南西一分为二为 2 个次级背斜和 1 个次级向斜。总之,本褶皱为一转折端圆滑的斜歪背斜,属褶皱位态分类中的倾伏直立褶皱。背斜的北西翼和南东两翼与相邻的向斜连接。背斜形成于晚二叠世之后、早侏罗世之前。

四、注意事项

(1)剖面切过不整合面和断层时,应先画断层和不整合面,再画不整合面以上地层,然后再画不整合面以下地层。画褶皱构造时,先从核部开始,逐渐勾绘到翼部。

(2)注意岩层产状的逐渐变化和下延(或上延)过程中的协调性。绘制转折端形态应参考褶皱的平面形态。

(3)第四系厚度一般很小,只有几米至几十米。

五、作业

(1)在《暮云岭地区地形地质图》(附图 6)上绘制过 A 点、B 点的地质剖面图。

(2)按"褶皱描述"的要求,用文字描述青岩顶向斜。

实习十九 读断层地区地质图并作地质剖面

一、目的与要求

(1) 学会在地质图上分析断层的性质。
(2) 学会在地形地质图上求断层产状。
(3) 学会作断层发育地区地质剖面图,并用文字描述断层。

二、实习图件和用具

(1)《星岗地区地形地质图》(附图 7)。
(2) 三角板,量角器,方格纸,铅笔,橡皮。

三、内容

1. 断层特征分析

按照前述读图方法,先了解图中地层、褶皱等的发育情况,再逐步了解和分析断层的特征。

(1) 断层面产状的确定。断层面与岩层界面一样,它在平面上的出露线(断层线)也遵循"V"字形法则。因此断层面(理想的平面状)可根据其在地形地质图上的"V"字形,用作图法求产状(图41)。需要注意的是,在自然界中,大多断层面没有岩层面规则稳定,往往呈波状起伏,一般不能用作图法求断层面产状。

(2) 断层两盘运动方向的确定(断层性质的确定)。断层两盘相对升降、平移并经侵蚀夷平后,如两盘处于等高平面上,则在露头和地质图上一般表现出以下规律。

A. 纵断层,一般是地层较老的一盘为上升盘。但当断层倾向与岩层倾向一致,且断层倾角小于岩层倾角,或地层倒转时,则上升盘是新地层。走向断层运动方向主要根据地层的缺

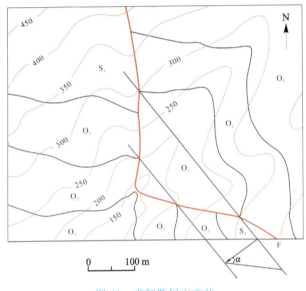

图 41　求解断层面产状

失和重复来确定(详见《地质学基础(第二版)》相关内容)。

　　B. 当横向或倾向正(或逆)断层切过褶皱时,背斜核部变宽或向斜核部变窄的一盘为上升盘;如为平移断层,则两盘核部宽窄基本不变。

　　C. 当倾斜岩层或斜歪褶皱被横断层切断时,如果地质图上地层界线或褶皱轴线发生错动,它既可以是正(或逆)断层造成的,也可以是平移断层造成的,这时应参考其他特征来确定其相对位移方向。若是由正(或逆)断层造成的地质界线错移,则岩层界线向该岩层倾向方向移动的一盘为上升盘。若是褶皱,则向轴面倾斜方向移动的一盘为上升盘。

　　(3)断距的确定。

　　A. 铅直地层断距:如图 42 所示,hg 为铅直地层断距。过 h 点、g 点作的两条走向线在平面上投影必将重合,因此,在平面图上,在任一盘上作出一层面在某高程上的走向线,在另一盘与同层面相交,此交点与走向线标高之差即为垂直地层断距。如图 43 中 C 点与 AB 的高程之差为 $800\text{m}-700\text{m}=100\text{m}$,即为铅直地层断距。

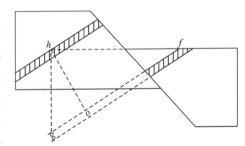

ho. 地层断距; hg. 铅直地层断距;
hf. 水平地层断距。

图 42　垂直地层走向剖面图

　　B. 地层断距:断层两盘所缺失或重复的地层厚度。因每层地层厚度由实测可得,所以,只要知道断层两盘所缺失或重复了哪些地层层位就知道了地层断距,也可在剖面图中直接测量,如图 42 中地层断距为 ho。

　　C. 水平地层断距:平移断层常需测量水平断距,即在平面上测量相同点(相同地层)被错开的距离,如图 42 中的水平地层断距为 hf。

　　(4)断层时代的确定。

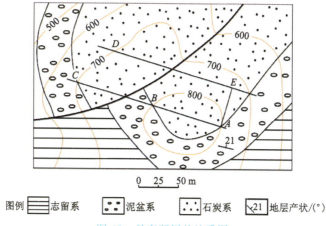

图 43　具有断层的地质图

A. 断层发在被错断的最新地层之后。
B. 如果被覆盖，则断层发生在上覆最老地层之前。
C. 相互切割的断层，被切割者时代较老。

2. 绘制断层发育地区地质剖面图的方法和步骤

它的基本绘法与前述相同，但须注意以下几点。
(1)当断层被不整合覆盖时，先画不整合面，再画断层面，最后画地质界线。
(2)当剖面线与断层倾向斜交时，要把真倾角换为视倾角。当断层面直立时，真倾角和视倾角均为90°。
(3)断层线上要注明断层运动方向。

3. 断层的描述

在实际工作中，一般对图内各断层按方向或力学性质等逐一描述。断层的描述内容包括：断层名称、位置、延伸方向、延伸长度、断层证据(两盘地层的缺失与重复、地质界线不连续等)、断层面产状、运动方向、断层性质、断距大小、形成时代、力学成因等。

四、注意事项

(1)附图 7 中断层 F_3 的断面倾角需要通过计算得出，倾向要根据"V"字形法则判断。
(2)注意断层面直立时断层在剖面上引起的地层上下错动效应。

五、作业

(1)在《星岗地区地形地质图》(附图 7)上，作过 A 点、B 点的地质剖面图。
(2)用文字描述附图 7 中的 F_2 断层。

实习二十

绘制构造等值线图

一、目的与要求

(1)学会利用钻孔资料绘制地下深部构造等值线图。
(2)学会分析等值线图所反映的深部构造特点。

二、实习图件和用具

(1)《凉风垭地区地形及钻孔分布图》(附图8)。
(2)三角板,量角器,透明纸,铅笔。

三、内容

利用某一标志层(如煤层)顶面或底面的高程等值线来反映地下地质界面起伏的图件称构造等值线图(也称构造等高线图)。它直观地反映了地下构造三维形态,在油田、煤田、矿床勘探等方面具有重要意义。地下信息主要通过钻孔资料获得。

1. 编绘构造等值线图的方法和步骤

(1)求标志层高程。所谓标志层是指易于鉴别且能够反映地下构造的某个特定矿层或岩层,且往往是研究隐伏构造的目的层。如果要绘制标志层的等值线图就必须换算出它的各处高程。如图44所示,每个钻孔的地面高程减去见标志层孔深即为标志层高程。如 A 孔高程为 350m,见标志层孔深 325m,则其标志层高程为 350m−325m=25m。如果结果为负值,则说明该标志层在海平面以下。

(2)高程表示方法。将每个钻孔点的标志层高程写在相应点位处(图45),每一钻孔点表示方法为"$\frac{A}{B}$", A 为钻孔编号, B 为标志层高程。如"$\frac{5}{55}$"表示钻孔编号为5,标志层高程为55m。

实习二十 绘制构造等值线图

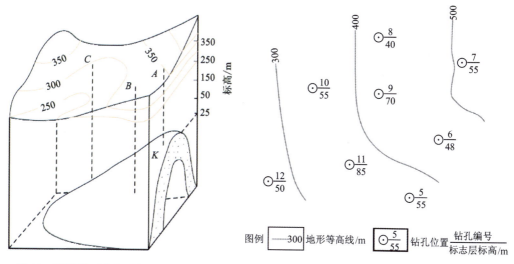

图 44　换算层面高程透视图

图 45　分析基准层层面高程变化特点

（3）分析标志层变化规律。找出层面最高点或最低点的位置，或高程突变位置（可能存在断层），分析层面高程变化趋势，初步确定背斜或向斜以及枢纽轴线或脊线、槽线方位。如图 46 所示，以 11 号钻孔为中心，附近各点的高程变化特点是：向北西-南东方向变低，向北东方向也逐渐降低，可以判断这是一个枢纽向北东倾伏的背斜，沿 11 号、9 号、7 号钻孔的连线应大致是背斜枢纽或脊线的位置。

（4）用插入法求等高距点。从最高点（或最低点）开始，向周围距离较短、高差较大的点连线。用透明方格纸作高程差线网，按所规定的等高线距，用内插法求出连线上等高距点。高程差线网法如图 47 所示，2 号钻孔标志层高程为 65m，3 号钻孔标志层高程为 82m，二者高差17m。由于等高线间距为 10m，应在两钻孔之间的连线上分别求出 70m 高程点和 80m 两高程点的位置。将高程差线网盖在图上，使其某一基线与 2 号钻孔吻合，此基线即为 65m，用大头针固定 2 号孔。转动高程差线网，使高程差线网上那条自基线起算与 3 号钻孔高程相等的线与 3 号钻孔重合，则高程差线网中相对应的 70m 高程线和 80m 高程线与 2 号和 3 号钻孔连线的交点，即为所求的等高线点。

（5）连接等值线。以平滑曲线连接各等高点即得出等高线图（图 48）。连线时应从最高线（或最低线）向外依次完成。绘制等高线时要注意相邻等高线的形态与之协调，也要注意高程的突变，以免遗漏断层。

2. 构造等值线的分析

（1）褶皱构造等值线特征。等值线由中心向四周降低则为背斜或穹窿构造；由中心向四周变高则为向斜或盆地（图 48）。

（2）断层构造等值线特征。如果等值线发生突变、错开、重叠或不连续，则为断层构造。等值线"缺失"出现张口带者多为正断层，而等值线重叠出现重复带者多为逆断层（图 49）。平移断层则引起等值线呈系统不连续性错开。

（3）其他特征分析。等值线密反映产状陡，等值线稀则产状缓。等值线沿轴向或高或低，反映褶皱枢纽的起伏。断层线的弯曲仍符合"V"字形法则。

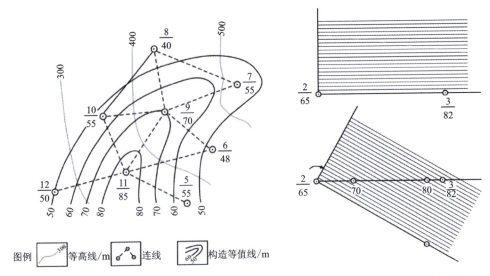

图 46 连等高线

图 47 利用高程差线网求等值点

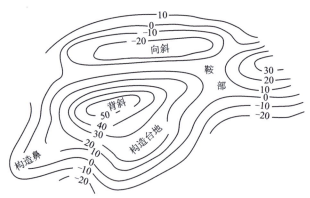

图 48 褶皱在构造等值线图上的体现

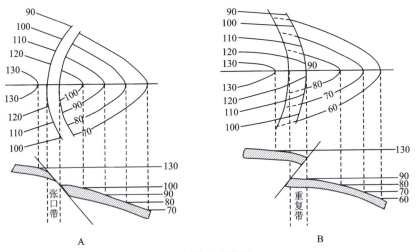

A. 正断层；B. 逆断层。

图 49 断层在构造等值线图上的表现及剖面特征

四、注意事项

(1)连三角网时只能向最近点相连,不可连得太远。
(2)在多个点高程值相近的情况下,须作仔细分析后再进行连线操作(仍须找最高或最低点)。

(1)利用《凉风垭地区地形及钻孔分布图》(附图8)和所给钻孔资料(表21),绘制下侏罗统(J_1)煤层顶面的构造等值线图。资料不全者,经过计算再填入表21内和相应孔位上。
(2)用文字描述构造等值线所反映的构造特征。

表21 凉风垭地区钻孔深度资料

钻孔号	深度/m	煤层顶面高程/m	钻孔号	深度/m	煤层顶面高程/m
1	180	70	19	205	95
2	195	80	20	196	
3	235	60	21	207	
4	305	40	22	178	
5	249		23	198	
6	210		24	195	
7	170	100	25	220	80
8	190	70	26	200	80
9	200	70	27	207	
10	170	100	28	175	70
11	190		29	155	
12	233	60	30	215	90
13	207	70	31	200	70
14	223	60	32	248	62
15	220	70	33	264	56
16	220	90	34	270	50
17	200	100	35	185	60
18	240	70			

实习二十一

综合读图分析

一、目的

(1)学会根据地质图编写一个地区的地质情况概述。
(2)系统复习阅读(地形)地质图方法,提高读图和绘图能力。

二、实习图件和用具

(1)《景陵峪地质图》(附图9)。
(2)三角板、量角器、透明纸、方格纸、铅笔。

三、内容

综合阅读《景陵峪地质图》(附图9),作构造纲要图,并完成下列内容。
(1)绘制一条(图切)地质剖面图,使这条剖面能反映该区的主要构造特征。
(2)编写《景陵峪地区综合读图报告》,概述景陵峪地区地质情况。
综合读图报告是在综合读图分析、编制图件之后进行的,是对读图、作图的深化与总结。在编写过程中必须参照地质图、剖面图、构造纲要图,使文字与图件相互对应、相互补充。它应包括如下内容:

第一章 前言
包括实习目的、实习要求、图幅概况(图幅名称、比例尺、地形特征等)。

第二章 地层
包括概述、地层分布情况、岩石组合特征及接触关系等。
要求按由老到新的顺序描述每一地层单位(统或系),内容包括出露位置、分布面积、主要岩性特征、所含化石、地层厚度、与下伏(或上覆)地层接触关系以及含矿性等内容。

第三章 岩浆岩
岩浆岩描述一般按时代从老到新,并按基性岩—酸性岩顺序分述各时代侵入岩的特征:出露面积、岩体(群)数量、产出部位、产状、形态;岩石类型、矿物成分、结构构造,原生构造和次生变化、接触关系;岩石化学、岩石地球化学特征;蚀变、内外接触带特点,岩性岩相划分等。

侵入岩描述内容包括侵入体名称[如区内发育羊山、红地花岗岩(酸性侵入体)和平望岗玄武岩(基性喷出岩)]、产出的构造部位、平面形态和规模、主要岩性、相带特征、侵入时代,在可能的情况下可对岩体总体三维形态加以恢复。

第四章 变质岩

描述内容一般包括岩石学特征、矿物共生组合、变质相带、相系、变质作用类型划分及特征、原岩恢复、变质期次划分及其时代等,以地质事件(包括建造事件、构造变形事件、变质作用事件、岩浆作用事件等)演化的观点,合理划分构造变形相、构造层次,根据变质变形叠加改造关系并结合区域构造运动特征,建立构造变形序列。

如果没有详细资料,报告中可以省略这一部分。

第五章 构造

构造描述一般要求指明测区所处的大地构造位置,概述区域地质构造背景,划分构造单元,叙述各构造单元间界线特征及性质,归纳总结各构造单元沉积作用、岩浆活动、变质作用和构造变形特征等。

根据实习用图的特点,此部分主要包括以下3个方面的内容:

A. 构造概述。描写总体构造轮廓、构造单元、构造层、构造组合、区域构造方位等。

B. 褶皱。主要褶皱分布情况,有代表性规模较大褶皱的单独描述。

C. 断层。可按断层发育方向(走向),也可按断层性质(正、逆、平移)分类描述,对规模较大且有代表性的断层进行单独描述。

第六章 地质发展简史

根据岩性、沉积特征及古生物化石,分析区内各地层的沉积环境及古地理分布特征,并分析地壳的升降活动情况。根据构造层、地层缺失情况、断裂发育特点、构造运动性质、构造作用方向与强度、岩浆活动等分析构造活动的发展与变化。

这部分内容是对综合读图、地质概述的总结与深化,反映了学生对"地质学基础"这门课程的掌握程度,同时也反映了学生的创造性思维和能力。

四、注意事项

(1)阅读地质图是关键,必须先做到"读平面而知立体",再绘图、编写报告。

(2)注意作业完成步骤:先作图,再写文字,文字描述按顺序与要求逐条进行。

五、作业

(1)阅读《景陵峪地质图》(附图9),作构造纲要图。

(2)作《景陵峪地质图》(附图9)中过625高地、605高地、1120高地的地质剖面图。

(3)编写《景陵峪地区综合读图报告》。

1. 岩体

红地岩体发育两个相，边缘相主要岩性为似斑状花岗岩，斑晶为钾长石和斜长石，粒径 $d=2\sim4\text{mm}$，含量 $10\%\sim15\%$。中心相为中粒花岗岩，钾长石含量约 45%（粒径 $d=1\sim2\text{mm}$），石英含量约 30%（$d=0.5\sim1\text{mm}$），同位素年龄220Ma。羊山岩体主要岩性与红地岩体相同，同位素年龄210Ma。花岗岩可用作建筑材料。

2. 地层

本图区的地层发育情况见表22。

表22 景陵峪地区地层主要岩性、厚度及含矿性

界	系	统	代号	厚度/m	主要岩性	矿产
新生界	第四系		Q	0～50	残积、坡积、冲积、洪积、洞穴堆积等松散沉积物	冲积物中含砂金
	古近系	古新统	E_1	230	下部粉砂岩；上部为含碳质页岩	
中生界	白垩系	上统	K_2	250	下部紫红色粗砂岩；中部长石石英砂岩；上部紫红色粉砂岩，产鸭嘴龙化石	
		下统	K_1	50	下部紫红色含砾石英粉砂岩；中部中粒砂岩；上部紫红色粉砂岩夹页岩	底部砾岩中含铜
上古生界	二叠系		P	160	下部中厚层含燧石条带灰岩，含纺锤蜓；上部深灰色粉砂岩夹煤层，含植物化石中华瓣轮叶、芦木等	上部赋存2～5m的可采煤层
	石炭系	上统	C_2	210	中厚层灰岩、白云质灰岩，含假希氏蜓、方格长身贝等化石	可作石灰原料，建筑材料
		下统	C_1	630	下部厚层灰岩；中部厚层状白云岩；上部薄层状灰岩。含六方珊瑚、腕足类化石	可作石灰原料，建筑材料
	泥盆系	上统	D_3	280	中细粒石英砂岩，含薄皮木化石	可作建筑材料
		中统	D_2	200	上部中细粒石英砂岩；中部中粒砂岩；下部含砾粗砂岩。含始鳞木植物化石	
下古生界	志留系	中统	S_2	465	上部紫红色页岩夹粉砂岩；中部粉砂岩；下部紫红色页岩。含王冠虫等化石	含磷结核，可作化肥原料
		下统	S_1	450	上部紫红色粉砂岩夹页岩；中下部黑色页岩、硅质岩。含大量笔石化石	

主要参考文献

程素华,游振东,2016.变质岩岩石学[M].北京:地质出版社.
蔡毅,朱如凯,吴松涛,等,2022.泥岩与页岩特征辨析[J].地质科技通报,41(3),96-107.
杜远生,童金南,2022.古生物地史学概论[M].3版.武汉:中国地质大学出版社.
龚一鸣,张克信,2016.地层学基础与前沿[M].2版.武汉:中国地质大学出版社.
郭峰,2011.碳酸盐岩沉积学[M].北京:石油工业出版社.
金立国,巩桂芬,2022.结晶学基础[M].北京:化学工业出版社.
李昌年,李净红,2014.矿物岩石学[M].武汉:中国地质大学出版社.
李夕兵,2014.岩石动力学基础与应用[M].北京:科学出版社.
李永军,梁积伟,杨高学,2014.区域地质调查导论[M].北京:地质出版社.
李忠权,刘顺,2010.构造地质学[M].3版.北京:地质出版社.
罗谷风,2014.结晶学导论[M].3版.北京:地质出版社.
马昌前,杨坤光,唐仲华,等,1994.花岗岩类岩浆动力学——理论方法及鄂东花岗岩类例析[M].武汉:中国地质大学出版社.
全国国土资源标准化技术委员会,2015.GB/T 958—2015:区域地质图图例[S].北京:中国标准出版社.
桑隆康,马昌前,2012.岩石学[M].2版.北京:地质出版社.
孙晶,2022.岩浆岩与变质岩实验指导书[M].北京:石油工业出版社.
童金南,2021.古生物学[M].2版.北京:高等教育出版社.
王恩德,付建飞,王丹丽,2019.结晶学与矿物学教程[M].北京:冶金工业出版社.
徐夕生,邱检生,2010.火成岩岩石学[M].北京:科学出版社.
徐亚军,刘强,2022.构造地质学综合实习指导书[M].3版.武汉:中国地质大学出版社.
曾佐勋,樊光明,2008.构造地质学[M].3版.武汉:中国地质大学出版社.
赵珊茸,2017.结晶学及矿物学[M].3版.北京:高等教育出版社.
赵珊茸,肖平,2011.结晶学及矿物学实习指导[M].北京:高等教育出版社.
中华人民共和国地质矿产部,1997.DZ/T 0179—1997:地质图用色标准及用色原则(1∶50 000)[S].北京:中国标准出版社.
朱茂炎,赵方臣,殷家军,等,2019.中国的寒武纪大爆发研究:进展与展望[J].中国科学:地球科学,49(10):1455-1490.

朱筱敏,2020.沉积岩石学[M].5版.北京:石油工业出版社.

FLÜGEL E,2016.碳酸盐岩微相分析、解释及应用[M].马友生,刘波,郭荣涛,等,译.北京:地质出版社.

附 图

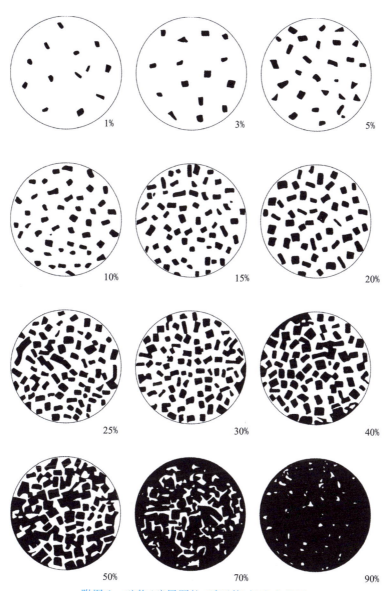

附图 1 矿物(碎屑颗粒、砾石等)标准含量图

层号	柱状剖面图	厚度/m	岩性描述	化石
20	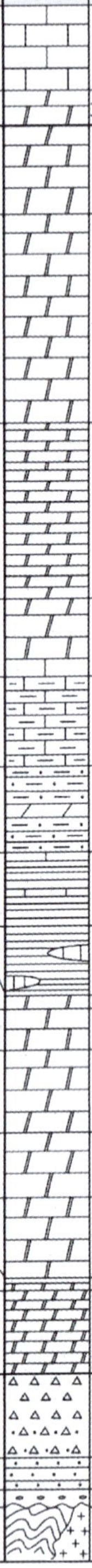		灰色、深灰色中厚层灰岩、生物碎屑灰岩	*Dactylocephalus* sp.（指纹头虫）
19		34.1	深灰色厚层含硅质白云岩及角砾状白云岩	化石稀少
18		82	浅灰色、深灰色厚层白云岩	
17		200	深灰色中厚层白云岩	
16		160	灰色中—厚层白云岩、中—薄层状含硅质结核硅质白云岩。泥质白云岩、鲕状白云岩、角砾状白云岩	*Anomocarella* sp.（小无肩虫）
15		75	深灰色中厚层白云岩	*Redlichia chinensis*（中华莱得利基虫）
14		80	灰黑色泥质条带鲕状、豆状灰岩	*Megapalaeolnus* sp.（大古油栉虫）
13		85	灰色、灰绿色砂质页岩夹泥质灰岩	*Palaeolecus* sp. *Hyolithes* sp.（古油栉虫、软舌螺）
12		70	黑色薄板状灰岩夹黑色页岩	*Hupeidiscus* sp.（湖北盘虫）
11		70	黑色页岩夹薄层灰岩	
10		5.5	灰色中—厚层白云岩,含灰白色硅质团块,底部含泥质,有虫管	小壳动物群化石（∈₁）
9		40	灰色—灰白色厚层白云岩,具鸟眼构造	
8		80	灰色—灰黑色薄—中厚层及厚层硅质白云岩,含硅质结核	含带藻（Z₂）
7		60	灰色厚层鲕状及内碎屑白云岩,具交错层理	
6		20	灰色—灰白色厚层白云岩,含硅质结核	
5		10	黑色硅质岩及黑色薄层白云岩,顶部碳质页岩	
4		20	灰色中至薄层泥质白云岩,含扁豆状硅质、磷质及黄铁矿结核	
3		20	灰绿色、暗绿色冰碛层,下部砾石多而大,上部含砾石少而小,砾石表面有擦痕,分选极差,成分复杂,无层理	
2		30	黄绿色、灰色长石石英砂岩,夹薄层细砂岩	
1		15	灰白色砂岩,向上渐变为细砂岩,底部含砾,砾石成分为石英岩、花岗岩等,磨圆度较好	
0			崆岭群:角闪片岩或黄陵花岗岩	

附图2 湖北宜昌南华系—寒武系地层综合柱状图

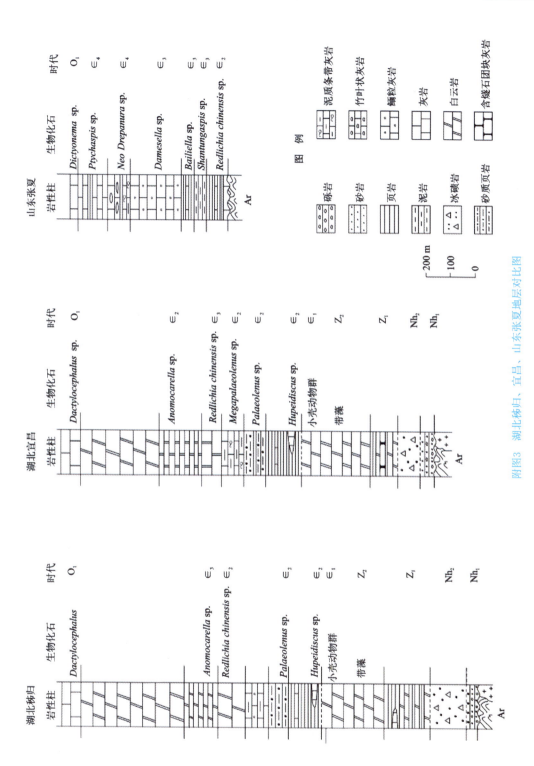

附图3 湖北秭归、宜昌、山东张夏地层对比图

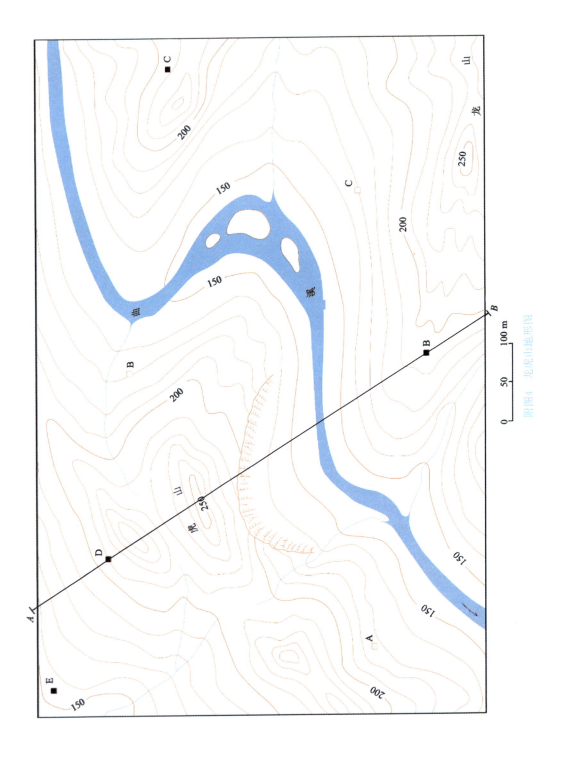

附图4 龙虎山地形图

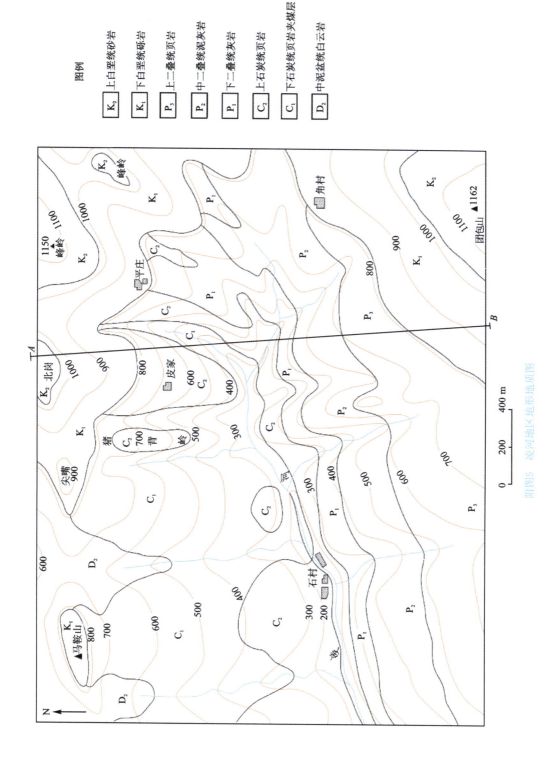

附图5 凌河地区地形地质图

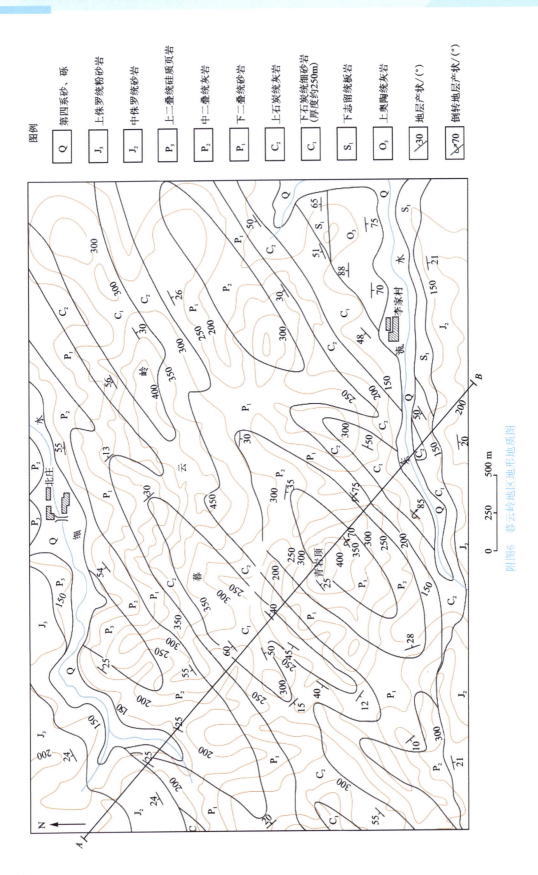

附图6 暮云岭地区地形地质图

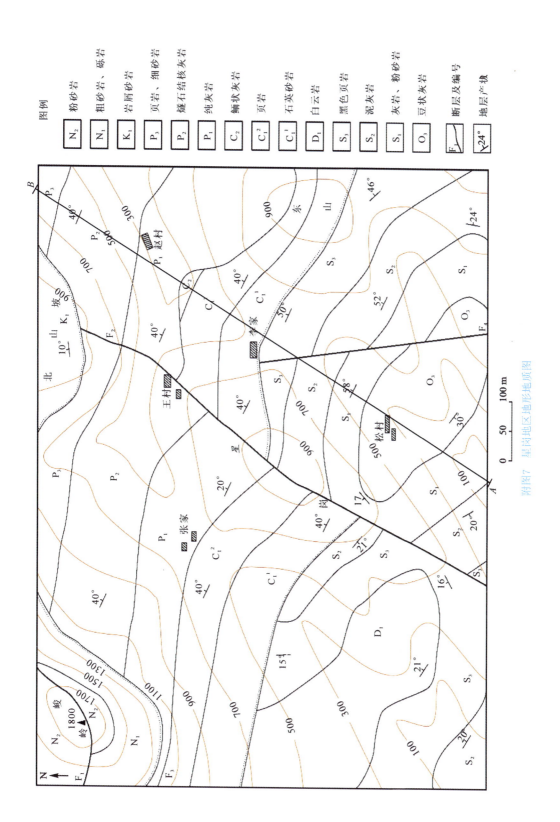

附图7 星岗地区地形地质图

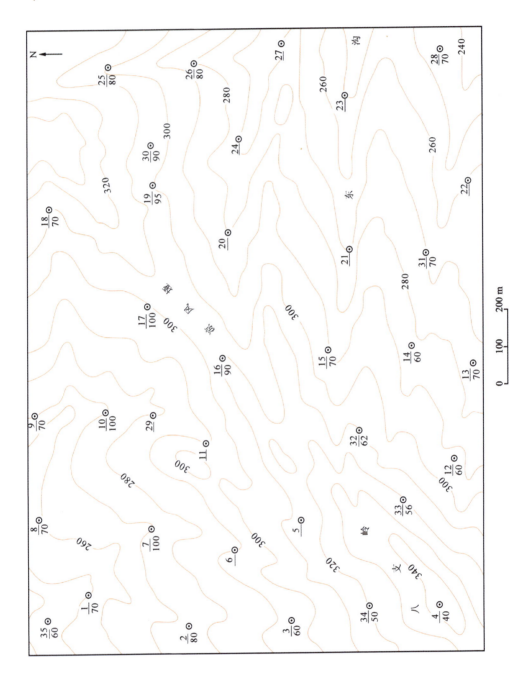

附图8 凉风垭地区地形及钻孔分布图

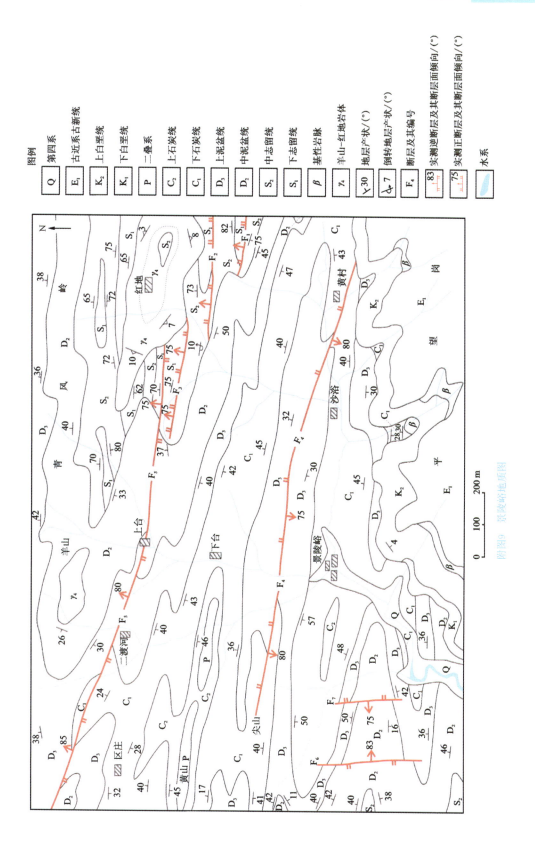

附图9 景陵岭地质图